无边界学习

THE KNOWLEDGE CAFÉ

打造个人知识体系

CREATE AN ENVIRONMENT FOR SUCCESSFUL KNOWLEDGE MANAGEMENT

[美] 本杰明·安亚乔 著
Benjamin Anyacho

王琰 译

中国科学技术出版社
·北 京·

图书在版编目（CIP）数据

无边界学习：打造个人知识体系 /（美）本杰明·安亚乔（Benjamin Anyacho）著；王琰译. — 北京：中国科学技术出版社，2024.4

书名原文：The Knowledge Café: Create an Environment for Successful Knowledge Management

ISBN 978-7-5236-0423-6

Ⅰ. ①无… Ⅱ. ①本… ②王… Ⅲ. ①知识管理 Ⅳ. ① G302

中国国家版本馆 CIP 数据核字（2024）第 038019 号

策划编辑	李　卫	责任编辑	高雪静
封面设计	东合社·安宁	版式设计	蚂蚁设计
责任校对	张晓莉	责任印制	李晓霖

出　　版	中国科学技术出版社
发　　行	中国科学技术出版社有限公司发行部
地　　址	北京市海淀区中关村南大街 16 号
邮　　编	100081
发行电话	010-62173865
传　　真	010-62173081
网　　址	http://www.cspbooks.com.cn

开　　本	880mm × 1230mm　1/32
字　　数	256 千字
印　　张	11
版　　次	2024 年 4 月第 1 版
印　　次	2024 年 4 月第 1 次印刷
印　　刷	大厂回族自治县彩虹印刷有限公司
书　　号	ISBN 978-7-5236-0423-6 / G · 1032
定　　价	79.00 元

谨以此书献给

所有的项目经理和知识管理人员

前　言

我的父亲以赛亚·安亚乔·恩乔库（Isaiah Anyacho Njoku）是一位木匠，也是一位极富领导才能且情操高尚的人。即便在他去世50年后，我的妈妈依然在给我讲述他高深的学识。

虽然他所做的木工手艺品并不是最复杂的，但他会在所有的作品上署上自己的名字。他制作出的每扇门、每把椅子都彰显了他精湛的手艺。他的作品也激起了我对知识转移的兴趣和好奇。他去世时，我还只是个襁褓中的婴儿，所以我最大的遗憾之一是没有机会与他进行思想交流、学习和分享知识。

我父亲和芸芸众生一样，都无法掌控自己的生死。但他绝对可以掌控自己的知识。

这样的想法使我开始将知识交流或转移演变成我的职业追求之一，自从我树立了这样的职业愿景，我发现自己一直都处于一种兴奋的状态。于是我郑重地向我周围的人传递着这样的观念——不被分享的知识是无用的知识。而事实上，我在本书中分享的大部分观点都是我已经实践过或目前正在从事的事情。人类要像管理无价的遗产一样管理和分享知识，让知识代代相传！用最简单的话来说，知识交流难道不应该像父子关系一样毫无威胁性且志趣相投吗？当然，日记和笔记所记叙的知识或许大多言简意赅，但如果有人问："你是想读一本关于苏格兰的书，还是想亲眼见见一位来自苏格兰的人？"你会怎么回答？

你或许会觉得，最好是进行几次正式的对话，再在咖啡馆里闲聊几次！

知识管理并不一定受流程或技术的驱动，它往往开始于人际交往中表现出的好奇心。尽管技术在知识管理的过程中非常重要，但如果没有人的参与，没有正确的文化加速器，知识管理也无从谈起。机器学习和人工智能将在知识型组织中发挥重要作用，并且人机协作将成为人工智能的关键技术，所以像人工智能这样的技术势必要融入知识管理的过程，并被所有的利益相关者管理。人和对话应是所有知识管理和管理工作的重要内容。

本书将围绕两大基本问题展开：一是知识管理促成因素的简单性和人员结构；二是识别流程、技术和内容管理的促成因素。咖啡馆的对话和思维模式是知识管理促成因素的核心。人际互动是知识管理的关键，因此这是一个对话为王的过程。知识咖啡馆涉及了知识管理中的人际和环境因素，较少涉及其他促成因素。知识咖啡馆的思维模式是一种知识交换或管理的思维模式，虽然可以采取结构化的思维模式来实践知识管理，但最好还是采用非结构化的、敏捷的和对话式的思维模式。

事实上，若想在组织中进行知识转移，最简单的方法是简化知识转移的层次结构，即组织知识咖啡馆，汇集和分享每个知识工作者的知识，并激励所有成员分享他们的知识。

组织知识咖啡馆是为了灵活地进行知识管理。咖啡馆可以是虚拟的，也可以采取面对面的形式来组织员工进行对话、知识转移和知识交流。它满足了我们与他人联系和交流的愿望，与此同时又免于使用IT工具、存储库和复杂的流程。所有员工都肩负着知识管理的责任，但最重要的是，我们要意识到知识管理是人的责任，而不是机器的责任。此外，咖啡馆既可以是一次性的活动，也可以是持续性的活动。

若想进行知识管理，必须反思和回答以下两个基本问题："为什么需要知识管理"，以及"一个组织如何才能营造一个有助于知识管理的环境"。咖啡馆的实质就是提问题。

若想较好地回答这些问题，必须首先接受一个令人不安的事实，即人们不能被迫分享他们的知识。或者更准确地说：知识就是价值，而组织成员需要的是交换知识的动机。为了克服这一挑战或恐惧，一个组织必须建立、拥护和支持这样的一种工作环境，邀请所有利益相关者在其中快乐地分享他们的经验、技能和智慧。如此才能够推动组织形成有益于知识转移的文化，并将知识转移根植于组织的文化之中。

如果组织各个层级的成员都有意识地定期分享知识，那么大家都会因为分享自己的专业知识而感到自豪。组织中所有能够用知识进行思考和解决问题、赋予信息意义、应用知识的员工都是知识工作者，知识是他们最重要的资本。他们是支撑知识管理事业的知识创造者和分享者，借此提升组织当前的做法和未来的流程。随着越来越多的员工升任领导职务并竞相分享他们的知识，组织将体验到知识管理的好处。奖励知识交流和转移能够提升组织文化的透明度，增加互信，并减少早已在组织中进行知识转移和交流的人的挫败感。在知识咖啡馆的生态中，组织成员会自然地分享他们的知识并从中获得乐趣，咖啡馆中会出现众多令人恍然大悟的时刻。

只有建立了互惠、迭代和互动的知识转移和交换关系，才能真正实现知识转移。这样的关系才是组织知识咖啡馆的真正动力。

人脑中的智力资本是主导知识的重要方面。我们理解流程和技术比理解人要更为容易。知识工作者的头脑需要被点燃，而不是单方面地灌输信息。温斯顿·丘吉尔（Winston Churchill）曾说："未来的帝国是思想的帝国。"最重要的知识转移或交流并不是发生在教室或会议室里，而是发生在谈话中。在咖啡馆里可以更好地实现点燃思想，转移知识。事实上，教室也正在实验构建咖啡馆式的学习模式。

对话为王，内容只是一些可以谈论的东西。

——科利·多克托罗

（Cory Doctorow，加拿大裔英国作家）

组织需要营造知识共享和转移氛围的另一个原因是，员工的流失和退休会导致组织知识的流失。

知识咖啡馆实际上营造了一个生态系统，在这个生态系统中，每个人无论是否受过教育、是否有相应的资质、是否有经验，都可以通过交换信息和头脑风暴来找出解决方案并找到自己和他人的共同点。想象这样一个环境，新员工，实际上就是每一位知识工作者，通过在其中共享同样的真相来源，就可以轻松地访问索引和搜索知识资产，例如故事、以前项目利益相关者的口述历史记录、知识访谈和咖啡馆式的流程。知识咖啡馆的概念是邀请知识工作者自愿和全面地转移关键信息和数据，从而改善员工入职培训和项目开发的流程。

一个组织无论是扩大规模还是缩小规模，都会优先考虑业务连续性、改进流程、绩效和知识创新。组织必须着力保存开展业务所需的关键的技术知识。当知识管理成为组织文化的一部分时，势必会提高组织的绩效，加速提升组织的竞争优势，而竞争也会转化成合作竞争。所谓的合作竞争就是与你的竞争对手进行合作，建立协同效应，实现双赢。关于这一点，我们将在第 12 章详细讨论。在资源日益受限的情况下，组织迫切需要建立一个共享知识的环境。知识咖啡馆的流程旨在营造一个可以不受阻碍地共享知识的环境，公开邀请知识工作者毫无保留地分享他们的经验、技能和智慧。这也是公司所能提供的最贴合当下实际的、质量最高的协作空间。

> 如果你无法管理知识，那么其他人也无法管理知识。你能做的是管理一个环境，在这个环境中可以创造、发现、获取、共享、提炼、验证、转移、采用、改编和应用知识。
>
> ——克里森和帕斯尔（Collison & Parcell，2005）

虽然我们无法控制员工的头脑，但我们的确可以控制机器知识及各种形式的知识。最重要的是，我们可以控制知识转移的环境，用清晰的知识管理战略和流程构建知识文化。一个强大的知识生态系统需要组织提供养料，以此来培养知识渊博的员工队伍。

温馨提示：你的知识并不能保障你的工作。虽然你的知识体现了你的价值，但只有将其投入工作和应用方面，以及其他人应用于其他方面时，它才会增长或产生回报。

根据我的经验，并非所有的组织和其中的员工都会欣然接受知识管理系统。据调查和观众对会议演讲的参与度显示，许多员工并未分享他们的知识资产。事实是，越来越多的人在工作场所将知识视为自己的工作保障。这种信息的囤积和知识孤岛是践行知识共享文化的一大障碍。

在本书中，我精心挑选了十几位来自不同文化环境和不同国家的知识经纪人、创造者和分享者，分享他们在不同工作和项目场所中的知识管理经验。我在本书的各个章节中，都引用了他们的结论作为本书的案例。尽管获得了这些人的授权，我依然从第三方的角度记录了这些案例。从他们的知识管理斗争、挑战和经历中，你会发现他们都并非什么名人。我希望这些关于知识管理的故事以及我的分析能够唤起你对知识管理的兴趣。

是什么阻碍了我们将信息转化为知识，进而成为永恒的智慧？实际上，在家中、工作场所和社区中都存在一种能够启动和完善知识转移活动的方法。在本书中，我将介绍知识咖啡馆这一模式，以此来引导读者向知识管理迈出一小步，其过程也并不复杂，就像你走进一家最喜欢的咖啡馆，与朋友一起喝杯茶或咖啡，就能填补知识的空白，连接人与人之间的点点滴滴和知识。

不知道你是否已经对知识管理产生了好奇？是否想成为猎奇者？我相信，未知能够创造奇迹。在知识咖啡馆里，你一定会被自己未知的知识所吸引，甚至会着迷。我向你发出邀请，希望你能加入我的知识咖啡馆，在此自由地畅饮、协作、交谈，为获得新知识而兴奋。因此，获得知识和智慧的必要前提是组织咖啡馆对话，它连接了人和知识之间的点点滴滴。古往今来，对话、学习和知识交流始终围绕着茶碟进行，人们也习惯了在咖啡馆里无拘无束地端起一杯茶或咖啡，与其他人碰撞出独特的知识文化。如果家里或工作场所太过嘈杂或太安静，你也可以走进知识咖啡馆，和我一起坐在知识咖啡馆里，共同啜饮和协作。下面，开始我们的对话吧！

引 言

知识咖啡馆是在一个群体内部营造参与、讨论和交流知识的思维方式和环境，人们在这里既可以进行面对面的交流，也可以进行虚拟的交流。它也可以被认为是一座更易于分享和重复利用知识的知识实验城市广场。知识咖啡馆是一个支持知识流通并加速知识流通的环境，是“孕育”创新的基础。咖啡馆的形式多样，可以是数字化的讨论板、企业知识维基百科库、便当午餐会、非结构化的偶然交流和茶水间的对话等。当前是人们最迫切的需要增加知识的流动性、敏捷性、简单性和相关性的时候。难道你不希望有一个空间来展示自己的想法，甚至是一些疯狂的想法，让咖啡馆里的其他访客来测试这些想法吗？我所说的是空间、好奇心和学习态度，其中包含反思性和生成性对话和话语，但并不包括辩论和谩骂的对话。我在三年级时就加入了初级辩论社。我了解辩论，辩论有其意义，但不可持续。如今的文化是一种偏有毒和敌对的文化，比起对话，它对辩论情有独钟，这就要求我们在咖啡馆里进行理性对话。

咖啡馆的空间和思维方式将面对面或虚拟音频会议与屏幕共享、白板会议、头脑风暴、团队或项目群聊、文件共享平台、社交网络、协作、测试疯狂想法、想法生成、敏捷学习等诚实的问题和答案进行了融合。

在当今变化惊人的世界中，我们需要不断地汲取信息，快速地学习新事物，因此对新想法持开放态度以及良好的适应能力成了每个人必备的技能。虽然不学习注定会被淘汰，但只靠学习也远远不够。如果我们想要理解我们所学到的知识，就需要在咖啡馆提供的对话环境中碰撞出让自己恍然大悟的时刻。知识、人才、专业技能、忠诚度、回头客和声誉等无形资源或价值观念正在变得越来越宝贵。若想实现协作、信息自由流动和营造令人上瘾的学习空间，先决条件是要有效地管理沟通。学习敏锐度、多功能性、反馈才能给我们的经验赋予意义，才能在高绩效的组织中营造出协作的氛围。当今社会中，最困难的挑战和激烈的讨论，比如种族冲突等，除了知识外，还需要靠理解才能较好地解决。但理解也有一定的弊端，它意味着要通过咖啡馆的方式，站在别人的立场上倾听、对话和交谈。沉默不能解决任何问题。学习和知识交流也不应该是一个烦琐的过程，应该像走进咖啡馆一样简单。除了听取坐在你隔壁位置、与你同在一个办公室或你熟悉的人的意见外，你是否还需要全球团队的参与？

我们生活在知识经济的时代，知识经济有赖于信息的质量、易于访问、可查找性、可发现性、可用性、可靠性以及知识的转换速度。在当前这个项目驱动的世界里，知识才是最重要的货币，但组织或行业当前所掌握的知识可能会在未来的两到五年内过时。人们如果单纯地沉浸在新技术和创新中，就好像拼命在原地奔跑，无法捕捉和保留永不过时的永恒智慧。因此，过去我们用来获取和交换知识的方式已经无法满足当今的需求。最伟大的想法若是用在了错误的环境里，也会毫无用武之地，甚至还可能会被错误的文化摧毁。

我认为，人际互动是传递所有人类核心能力的最重要渠道，比如人的好奇心、想象力、社交智慧、情商、团队合作、同理心、韧性、创造力、意义建构、适应性思维和批判性思维。因此，我们需要构建一个毫无偏见的学习空间，在这里我们可以表达自己“疯狂的想法”、即兴的思考，让其他人思考并测试我们的想法。“来吧，让我们一起推理知识空间。”但我们每个人都有自己的偏见。为了传递知识，我们也需要一个能够诚实地表达自己的偏见的对话空间，就像人们在爱情中为了了解对方也会允许对方说错话。若无法构建知识咖啡馆，则意味着我们每个人都会后退，不会表达自己的看法，知识也会被扼杀。无知和投机分子将会统治现代社会。

知识环境与文化密不可分，当前的趋势是要构建一个管理知识的环境。咖啡馆式的协作平台易于形成更轻松的对话关系，易于开展“任何益于学习”的对话，以此加强人们之间的理解、联系和关系，掌握新的知识。

新冠肺炎疫情①不仅打乱了当前的生活秩序，也扰乱了我们学习、分享和工作的方式。争取社会正义的呼声正在重塑我们的对话及其性质。我们在何处交流从灾难和突发事件中汲取的经验教训，尤其是那些从大规模远程办公中汲取的经验？虚拟的知识咖啡馆是否能满足我们的需求？虚拟咖啡馆能提供怎样的机会？知

---

① 2022 年 12 月 26 日，中国国家卫生健康委员会发布公告，将新冠肺炎更名为新冠感染。全书同。——编者注

识用户能否访问他们需要的数据、信息和工具？

交际和对话是营造知识管理环境的关键路径。咖啡馆为交流知识营造了安全的场所，也能够容忍失败的知识实验。这是一个通用的、跨代的、系统的概念，旨在通过简单的对话来转移、保留和管理相关的知识。咖啡馆也是未来的大学，只有创造了良好的分享知识的环境，它才能取得较好的发展。借助知识咖啡馆，我们才能打破信息和知识的孤岛。畅想一下，在这样的一个"对话为王"的环境中，人们可以围绕交互展示、团队建设日、小型会议室、站立会议、Trello① 看板、谷歌的办公室协作工具、视频会议等开展自己的工作。

退休、工作流动性的增加和信息孤岛不可避免地造成了"人才流失"和组织中关键智力资本的损失。一个组织中的员工，也就是知识工作者的智慧在以项目为驱动的工作场所中才会更加持久，才能保持竞争优势。在一个常有突发事件发生的世界中，组织的当务之急是获取、转移和保留自身知识工作者积累的知识。如果无法保留和应用我们所知道的知识以及前人所掌握的知识，组织将无法在当今不断发展的创新环境中时刻保持与时俱进。

信息只有在被解释或应用于具体的环境中时才会产生能量。知识不会进行自我管理，必须由知识领导者去挖掘和激活，所以，人必须为知识的蓬勃发展创造对话的环境。糟糕的环境不适宜知识的管理和分享。创新专家和企业家迈克尔·施拉格（Michael Schrage）完美地诠释了这一点："知识不是力量，权力才是力量，

① Trello：一款项目任务管理软件。——编者注

根据知识采取行动的能力才是力量。事实就是如此。”只有运用知识才能激活知识的力量！好奇心是发现知识和智慧的先决条件。综上，施拉格想要表达的是，知识只有在应用时才会产生力量。

机器学习需要人类的知识，如果人类失去这些关键的业务知识，将会在下一次的突发事件中处于失败的一方。人类如果想要适应不断变化的环境并从意外事件中恢复，就必须具备复原能力。一个组织若想拥有承受困境的能力，就需要确保其知识和运营的连续性。在未来的日子里，像新冠疫情这样类似的突发事件可能会成为常态。因此，组织和个人都需要保有弹性的策略。

自20世纪90年代末以来，我一直在践行知识咖啡馆的原则。然而，是我的朋友大卫·古尔滕（David Gurteen）在2002年提出了“知识咖啡馆”的概念。我们试图创造一个多功能的对话过程，将一群人聚集在一起相互学习、相互分享经验。我们可以将知识咖啡馆的概念衍生到我们的工作场所和思维方式，从而创建一个通用的、多代的、系统的环境，供大家交换、保留和转移组织的知识。

> 知识咖啡馆是团队用于展示集体知识、相互学习、分享想法和见解的方法，也是使团队成员可以更深入地了解主题、问题和知识管理最佳实践的方法。
>
> ——大卫·古尔滕

知识咖啡馆是一种协作的、结构化的（但多数时候却是非结构化的）知识转移工具。人们就像在咖啡馆里一样，通过自由分享知识，点燃和焕发彼此的思想，不断涌现新的创意。知识咖啡馆既可以是面对面的，也可以是虚拟的；既可以在办公室里，也可以在远离家庭和办公室的其他地方。咖啡馆并不只是一个四面有墙的空间，更是人、知识和想法汇聚的空间。在咖啡馆里，人们既可以讨论难以解决的项目问题，也可能讨论如何解决家庭和社区面临的危机。每个人的声音都值得被听到、被重视，所以这种模式不是演讲或单向的知识转移。小组成员就一个问题、主题或议题展开讨论，并与更大的小组分享他们的想法，并在小组的层面展开行动。

知识咖啡馆创造了一个简单（便捷）的理论协作空间或系统，一代又一代的知识工作者都可以通过它来传授和分享关键的业务知识，并形成最深入的知识，这也是当今许多组织中所缺乏的知识。它就像街角的咖啡馆一样简单，人们以一种非结构化和交互式的方式来获取、分享和巩固知识。知识咖啡馆的倡导者丹·雷米意（Dan Remenyi）将咖啡馆称为“DIY 式的知识分享”。进入知识咖啡馆会激发我们的好奇心，使我们能够从现有的知识无缝转移到共享的知识。

知识咖啡馆是知识管理的众多方式之一。它很简单，既可以采用结构化的方式，也可以采用非结构化的方式。它是通往其他技术的门户，也可以与其他知识管理的方式交互使用。咖啡馆的对话让所有知识工作者都能参与到知识交流与转移的小组讨论之中。

我想激起你对创造、转移和创新知识的好奇心，使你开始获取、转移和保留组织中最关键的知识。如果我们要与时俱进、创新、提高效率和适应能力，就必须识别、捕获、分享和传播现有的知识，并创造新的知识。知识咖啡馆是实现这一目标的有机工具。如果你发现与人谈话有困难，如果你面临信息孤岛和不确定性，如果你真的渴望获取新知识，如果你想打破烦琐的流程，如果你支持自由和双赢的思想和知识交流，那就去咖啡馆吧！

我打算与其他知识爱好者和科技行业从业者一道，将知识咖啡馆这一便于操作且极具吸引力的知识管理方法，从学术界推广到国家话语的中心。

在本书中，我将把咖啡馆作为一种思维方式，一个有助于营造知识交流、转移和管理的空间。我们将探讨如何设计一个有效的知识咖啡馆；知识咖啡馆如何与其他知识管理方法和技术并行使用；我们对颠覆性技术和趋势有何期待；我们如何分享最佳实践，与员工沟通，并积极强化知识分享的行为和认可的方案；如何通过知识交流激发创新；如何创建领导力咖啡馆；蓬勃发展的知识管理环境是什么样的；最后，我还会阐述知识管理的价值和乐趣。在咖啡馆的杯垫上，罕见地融合了“后见之明”、洞察力和具有远见的知识对话。

让我们一起走进知识咖啡馆吧！

目　录

第5章 咖啡馆革命中的知识工作者

第6章 知识文化和知识咖啡馆

第7章　知识咖啡馆环境：趋势、未来和颠覆性技术

第8章　应对艰难对话的知识咖啡馆

第9章 知识管理的路线图、价值与知识管家

第10章 其他与知识咖啡馆冲突的知识管理方法和技术

第11章 知识领导力咖啡馆

第12章 知识优势以及分享知识的原因

第1章

知识好奇心

本章目标

- 了解人的好奇心以及对知识的探索
- 建立咖啡馆体验与知识咖啡馆之间的联系
- 了解当今的信息和知识格局
- 了解知识咖啡馆对我们有何帮助

1.1 去咖啡馆的人抱有什么样的好奇心

如果你能记住自己在一天中学到的所有东西，只能证明你学得还不够。因此，我们必须使学习变得更敏捷。

人们为什么会去附近的咖啡馆？大概包括以下几个原因：免费的 Wi-Fi、咖啡因或好喝的饮料、热门的播放列表、艺术、非结构化、嘈杂或安静的环境、同伴想去的地方，也有人是把咖啡馆当作办公室和家里之外的会议室等。咖啡馆给了你一个可以在家或办公室以外的地方分享对话和想法的空间，你可以来此处制定战略，分享自己的伟大创意、计划，汲取灵感，或者只是了解社交媒体上的最新消息。爱喝咖啡的人可以在此喝咖啡，也可以受好奇心的驱使与他人建立联系。此外，咖啡馆也是一个可以提出问题和回答问题以及交流知识的共享空间。我们都想要理解我们所认识的世界，对吧？我们所追求的恍然大悟的时刻不会发生在接受指令或一维的环境中。只有在和同伴对话、交流、学习知识的环境中，才会出现令我们恍然大悟的时刻。而咖啡馆正是这样的空间。

吸引人们来到知识咖啡馆的条件和环境

如果发生以下情况，每个人都会来咖啡馆：

- 前提是保证人们进行的是对话而不是辩论，每个人都有平等的发言权。
- 每个人都认同到访咖啡馆的原因、内容、时间和地点。
- 开展对话，确保它不会变成讲座。
- 他们渴望分享许多疯狂的想法。
- 并非集合了所有完美的、有序的想法。
- “对话为王”。
- 在这个空间里，人和系统可以互相交流，而不是互相攻击。
- 所有人都渴望简单。
- 所有人都对新的学习和知识交流充满好奇。
- 所有人都渴望理解他们所知道的知识。
- 达成一种契约，即人们普遍认同知识转移和互惠。
- 所有人都相信有人会听到他们的声音。
- 存在从知识到理解的转折点。
- 大家有共鸣，不需要同情。
- 抛开同情，钻研彼此的共鸣。
- 愿意学习如何变得更敏捷。
- 将知识视为一种生产方式。

- 渴望管理和复兴知识。
- 咖啡馆是家庭和办公室之外可以彼此协作的第三空间。
- 有一些东西可以丰富咖啡馆的体验，这个过程充满了乐趣。

为何要有好奇心？

或许是因为还没有找到解决方案。咖啡馆中没有先入为主的结果。大家对学习如何变得敏捷和设计出新事物保持开放的心态。知识咖啡馆的想法激发了我们尚不成熟的好奇心。我们能否将街角咖啡馆的概念应用到知识管理之中，从而进行知识的分享、交流和转移？

这意味着知识咖啡馆是一个对话的过程，是一种思维方式，它将一群人聚集在一起分享经验、测试疯狂的想法、相互学习、结识新朋友、建立关系并更好地了解快速变化的、复杂的、不可预测的世界，从而改善决策、改善创新、完善我们合作的方式。

几年前我认识了大卫·古尔滕。坦白说，认识他之前，我一直觉得自己从 20 世纪 90 年代末以来已经广泛使用了知识咖啡馆的大部分原则。知识咖啡馆是关于知识交流和管理的城镇广场。你可以将咖啡馆视为公民进行知识共享和交流的中心，比如集市广场、城市的公共广场或城门。想想露天广场、读者沙龙和城镇绿地，人们在这些地方可以交际、学习、理解并交流知识，这令人兴奋。咖啡馆的概念不仅仅是进行知识交流，还可以让我们理解世界、理解我们所知道的东西、创造意义，这也正是知识咖啡馆与其他形式的对话聚会和会议的不同之处。如果你曾经参加过午餐学习会、头脑风暴会议、经验教训会、事后总结会、讲师指导会、问题解决会、决策制定会、状态更新会、信息共享会、团队建设和创新会议、网络午餐学习会、市政厅学习会议、研讨会和座谈会、项目站立会等，那么你或许已经体验过了知识咖啡馆的一些概念。我将在 2.3 节和 2.6 节中详细解释其中的不同之处，并将在 4.3 节中讨论知识咖啡馆的框架和分步操作方法。

作为一种空间和思维方式，知识咖啡馆是一个开放的知识空间，通常位于可以进行传统知识交流和转移的社区中心。是时候在咖啡馆式的城镇广场开始进行知识管理了！因为并不是所有人都能参与知识管理的会员俱乐部。同时，并不是所有的知识都极为关键，人们也并不需要与所有知识都建立联系。而知识咖啡馆认识到了所有知识和想法的相关性，正是基于人们在咖啡馆里的心态和它的基础设施，从而使知识管理成为现实。知识咖啡馆里出现的范式转变和学习敏锐度，让我们的学习方式和地点发生了变化，彻底地改变和简化了我们的学习方法。大家为了学习而聚集于此，分享和更新有关学习知识的方式。

在知识咖啡馆里，我们可以：

- 理解世界。
- 赋予我们知道的或我们自认为知道的事情以意义。
- 建立关系和理解。
- 创造新知识。
- 建立连贯性，甚至可能达成共识。
- 改善对话。
- 暴露问题和发现机会。

- 打破信息孤岛的局面。
- 专注于个人发展。
- 创造新知识。
- 创新。
- 构建意义，这也是建立知识咖啡馆的主要目的或好处。

虽然很少有关于知识咖啡馆的报道，但我们可以扩展这一概念，创建一个通用的、跨代的、系统的环境，在其中转移、保留和管理相关知识。进入知识咖啡馆也会激发我们的好奇心。希腊传记作家普鲁塔克（Plutarchus）曾说："头脑不是用来装填的容器，而是有待点燃的火焰。"一旦点燃了咖啡馆里的知识之火，就会产生新的关系，建立真正的联系，诞生新的知识，涌现出大量的创新。这是一个简单且非结构化（也可以是结构化）的环境，也是每个人都能认同的通向知识管理的大门。

如前言中所述，如果知识没有经历从一个状态到另一个状态的社会化和传播，那么当知识工作者相互交谈、机器相互交谈以及知识的状态不断改变时，就无法完整地实现知识创造和转移。

野中郁次郎和竹内提出了 SECI 模型，该模型已成为知识创造和转移理论的基础。后来，野中郁次郎又提出了知识创造的四种机制：

1. 社会化：个人分享自己的隐性（直觉）知识，例如过程知识、事实知识和原理知识等知识工作者用来执行工作的个人知识，这些知识通常只在他们各自所处的领域中才有意义。知识工作者们通过观察、模仿和实践来分享自己的经验。

2. 组合化：将显性知识，如可以以文本、表格、图表、产品规格等形式获取的知识与其他知识相结合。

3. 外显化：将隐性知识外显化的过程。

4. 内隐化：通过显性来源体验知识的过程，将显性知识转化为隐性知识。

我的目标是激发各类组织对知识文化的兴趣和好奇心，激发组织对知识管理的好奇心，将简单的咖啡馆形式制度化，反对烦琐的知识管理概念，延续古尔滕的知识咖啡馆的概念。

我们正处于知识革命之中

我们正处于知识革命之中。如今，我们有超过 50 000 种免费的在线图书，题材涉及各个类型。美国出版商协会 2019 年的年度报告指出，2018 年美国各类图书出版商的收入接近 260 亿美元，印刷图书收入为 226 亿美元，电子书收入为 20.4 亿美元。皮尤研究中心的一项调查显示，约有五分之一的美国人开始收听有声读物。全球预计有超过 60% 的人口（大约 46.6 亿人）可以访问互联网，这或许是 20 世纪最具变革性的创新之一。当今世界有超过 50 亿台移动设备，其中智能手机的数量超过了半数。

旧式的检索、捕获和共享信息的工具无法跟上信息爆炸时代的步伐。获取和分享知识的环境也正在发生深刻的变化。例如，任何有互联网连接的人都可以访问的没有实体图书的云端图书馆。不断提高的计算机处理速度、人工智能、虚拟现实和社交媒体创造了虚拟社区和未来社会的联结。

我们如何借助所有这些新兴技术，将大量信息和与我们的组织、生活发展相关的知识结合起来？如果新冠疫情对人类有所启示，那就是它向人类证明了技术对现代生活的重要性。数字化转型意外地发生在了我们身上。社交媒体推特网站上的一项民意调查是关于谁对你所在公司的数字化转型起到了重要作用：公司的首席执行官、首席信息官、首席技术官，还是新冠疫情？大多数人的答案都是新冠疫情。

科学为我们提供了数据、信息、技术和知识，但我们需要智慧，而智慧需要社会科学的相互作用以及对知识和人类洞察力的应用。好奇心，即我们对更多互动、对话、数字媒体以及面对面或虚拟知识交流的追求，比以往任何时候都更加重要。人际互动仍然是转移所有人类的核心能力、天赋、知识的最大推动力。人们仍在寻找知识和智慧，但围着一杯茶或咖啡交谈的人类活动是无法取代的。即便要保持社交距离，虚拟咖啡馆也能实现同样的目标，因为我们每个人都不可避免地要连接和交换信息与知识，而新兴的技术也保障了虚拟和现实中的交流得以实现。

知识咖啡馆是一个通用的、多代的、系统的概念，旨在转移、保留和管理相关知识。退休增加了人员的工作流动性，而信息孤岛也造成了不可避免的人才流失和组织关键智力资本的损失。如果不能保留和应用前人的知识，组织将无法在当今不断发展的创新环境中保持与时俱进。

咖啡爱好者的好奇心可以通过虚拟和面对面的方式得到满足。我每个月都会为项目经理举办一次线上的全球知识咖啡馆，参与者可以在全球范围内进行协作。这个咖啡馆可以在办公空间、线上或异地进行。

知识咖啡馆的关键在于好奇心和持续学习的态度。所以，带上你的笔记本电脑和拿铁，享受这个充满咖啡因的知识共享空间所提供的美味佳肴和现代化设施的便利吧！它一定会让你倍感惬意。让我们一起分享知识、联系、协作、传播小而伟大的想法，让它们成为现实，使知识恢复活力。

1.2
填补知识空白

为什么我们要专门写一本书来讨论知识分享和转移空间的概念？这一概念在当今世界有什么意义？

> 知识是新的生产要素。我的子民因缺乏知识而灭亡。
>
> ——《何西阿书》（*Hosea*）

有人可能会说，知识是疾病、灾害、无知、贫穷和失败的最大敌人。我们在《经济学 101》（*Economics 101*）一书中了解了三种生产要素——土地、劳动力和资本。乔治城大学的丹尼斯·贝德福德博士（Dr. Denise Bedford）、鲍莫尔（Baumol）、布朗斯坦（Braunstein）、波拉特（Porat）和尼克·邦迪斯（Nick Bontis）等其他知识思想家认为，知识正在成为一种新的财富来源，是一种新的主要生产要素，知识作为资本是生产要素中的主导原则。知识是项目经济中最重要的货币。无论是在办公室里还是在个人生活中，每个人都为了解决问题并交付成果而管理一个项目、计划或从事某项经营活动。作为一名专业的项目经理，我管理着复杂难搞的项目，也需要应付富有挑战性的利益相关者之间的关系。更准确地说，我经常需要管理非常难搞的项目和利益相关者。大多数时候，我每天的例行公事就是和撒谎成性的人打交道以及处理意外事件！在这样的环境中工作，意味着我需要快速学习、与他人保持协作和沟通，否则就会给我的项目增添风险。

知识对我们的组织和我们本身而言都至关重要。然而，作为一名项目经理，我亲身经历过一些不相互交流或不共享数据的组织，也曾经与不交流、信息孤岛或囤积知识的群体和个人打过交道。对我而言，知识咖啡馆的概念有助于填补这些空白（图 1–1）。我们经常会被数据和信息所淹没。我们需要了解这些信息所处的语境，从而赋予这些信息以意义和价值。在知识经济中，生产和服务以知识密集型活动为基础，这些活动有助于加速科技进步。组织的成功有赖于通过知识和技术工人来传承经验和意义。一旦组织了解到在知识经济的时代里，组织宝贵的智力和技能将会面临何种程度的损失，就会立即产生模仿其他组织进行知识管理的需求。如图 1–1 所示，知识咖啡馆有助于满足分享、重用、巩固和创造知识的需求。

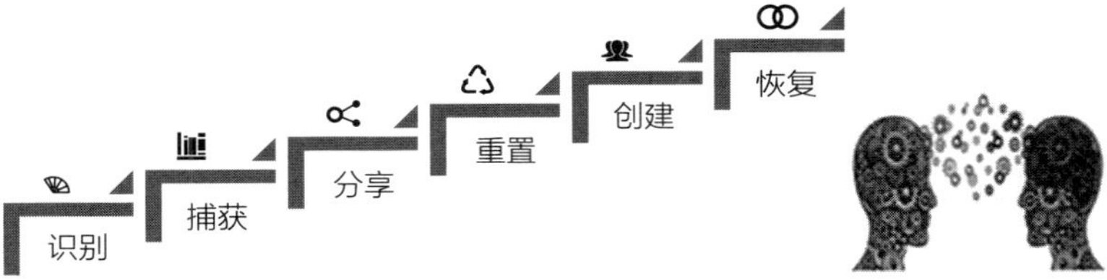

图 1–1 知识是项目经济中最重要的货币

数据在未经整理和联系之前，只能被当作简单的事实；没有创造知识的语境，信息也没有价值。比如，经纪人或投资者会阅读报纸的股票页面（获取信息），然后转身与他们的同事谈论股票

（分享知识）。咖啡馆为这样的交流提供了空间。应用知识会使你拥有长久的智慧。例如，我们很容易获得关于开车时发短信等行为的危险性的数据和信息。我们都了解这些信息，但我们有多少次将自己置身其中，应用过这些具有破坏性的知识？我们只有正确应用自己的知识才会变得更聪明。

知识假设

让我们验证一下自己对知识的假设。你是否同意以下这些假设？

- 没有人了解他们所“知道”的一切。
- 每个人都知道一些别人不知道的事情。
- 每个人都分享了他们所知道的事情。
- 由于条件的限制，有些人不会分享他们的知识。
- 每个人都可以分享他们的知识。
- 每个人都可以因分享他们的知识而获得奖励。
- 我的工作场所既有好的“孤岛”，也有糟糕的“孤岛”。
- 我可以根据个人的喜好，选择吵闹或安静的咖啡馆。

根据我以往在会议和工作中提问这些问题的经验，几乎每个人都会同意这些假设！因此，我们对知识的好奇心，以及我们如何管理、分享、创新和重用知识就显得至关重要。那些不愿意分享想法或征求他人意见的人会出现在咖啡馆里或走进咖啡馆吗？他们是否更有可能拿起咖啡，然后跑回他们与世隔绝的“孤岛”中？环境会决定他们的态度。

由于缺乏对咖啡爱好者的单一数据来源，我开发了一个企业维基知识库和一个面向所有知识工作者的知识咖啡馆，力求创造一个以知识为中心的环境。

事实上，根据杰斯·亚若威（Jez Arroway）于 2019 年的说法，我们所获得的大约 85% 的信息、文档和知识库都是“随机、过时和琐碎（Random，Obsolete and Trivial，简称 ROT）的信息；我们花了 20% 的时间来寻找那些我们本身就已经拥有的信息，因为在过去我们只是储备了它们”。由此可见，我们最缺乏的正是这些系统之间的互通性，尽管当前已经存在无数个有效的知识共享工具。

我面临的挑战是缺少知识库网站或完整的企业搜索解决方案，它需要能为我们提供一个特别的、个性化的方式来访问所有相关信息、见解和知识，无论是哪方面的信息。一种解决方案，旨在通过创建多个简单的页面并将这些页面链接在一起来快速捕捉和分享想法，从而将想法、知识和文档组织到一些有逻辑性的、可搜索的存储库中。维基知识库可以服务于各种知识共享目的。根据我以往的工作和经验，需要多位主题专家参与知识咖啡馆，在一个交互式存储库中贡献内容、更新常见问题解答、分享新知识和指导他人。我认为有必要为公司的知识库和网站上分散的、完全不同的资源、文件、知识和过程经验确定一个单一的来源，但这不论对私营企业还是对公共部门组织而言都是一个挑战。另外，我想看到手册、流程和定期更新程序的链接，从中获取最新的版本。我们的一些知识咖啡馆顾客告诉我，他们希望能够保持标准作业程序的有效性，并对其定期进行更新，而不是将它们埋藏在存储库中。他们希望标准作业程序能为项目计划、培训新员工以及项目和计划术语的唯一词汇来源持续地提供资源。

如今，由于知识咖啡馆容纳了不同的知识工作者和咖啡爱好者，我们正在为受众、复杂的产品系统和团队开发一个企业维基知识库，准备在其中开展一站式的知识转移和交流活动。

从以前的项目中“吸取教训”是项目经理的一个重要工具。然而，我们不能只是将学到的经验教训保存在知识库中，如果不加整理，它们就无法被索引和搜索。知识需要被唤醒，我建议各个组织都能激活自己学到的经验教训。每个组织都应该建立一个记载了所有此前已完成项目的信息的数据库，这些信息可以作为组织的过程资产的一部分被存储在组织的中央数据库中。因此，组织的过程资产可能包括但不限于所有文件、模板、政策、程序、计划、指南、经验教训、历史数据、信息、挣得的价值、估算、风险等。所以，组织的过程资产本应是“活跃的经验教训”。活跃的经验教训是在整个项目管理的五个过程中以及在运营和计划实施期间记录的经验和教训。这些经验和教训理应应用到现有的流程和程序之中，在同一项目的前、中、后期使用。组织必须拥有成熟的知识转移和管理过程，创造一种知识文化，这样就不会出现浪费时间做无用功的情况。做无用功的唯一原因是无知。无知是知识的一种选择，处于知识的对立面。知识，如果不加以管理，将会永远丢失！在项目中，我们都面临着类似的挑战。对你而言，这也许是一个新的恶魔，但对另一个人来说，它或许早已是一个疲惫的老恶魔。

为了满足自己对创造和分享知识的渴望，我开始采用“实施后审查、非正式网络和客户推广”的策略。通过知识咖啡馆的环境来分享和吸取经验教训，可以为这个过程注入新的活力。与其维护冗余的信息、做无用功，不如采用易于查找和访问、可共享和可重用的标准项目信息。

技术究竟是让人与人直接建立联系，还是取代了人？我发现技术变成了注入系统的病毒，本来是要治愈系统，但它最终却杀死了系统……

我理想的技术和内容推动因素包括：一个完全整合和集中的项目组合管理平台；可搜索的经验教训存储库；故事、口述历史和知识访谈；知识资产的数据库清单；用于跟踪能力、经验、任务和特定专业知识的系统；用于知识应用的在线视频收藏索引；创新登记册；主题专家的黄页或名录，以及其他与知识转移相关的软件资源。这难道不能组成一个有效的知识系统吗？

这些知识管理空白和工具激发了我的好奇心，激活了我的适应性思维，增强了我的知识管理创新能力。

在我撰写本书时，华盛顿州的塔科马市制定了一个数字许可解决方案，希望借此改变政府与公民的互动方式。塔科马市的居民如今可以全天候访问数字化规划和许可交易网站，并完全了解自己的申请状态。此外，该市还减少了内政部门的员工数量，缩短了申请处理时间。太酷了！知识管理优化了客户体验。

知识决定了一个人的能力边界。我们的胜利和成就取决于自身知识的深度。有人可能会争辩说，我们的成功取决于自己应用知识进行实践的能力。人们失败或屈服不是因为他们不走运或软弱，而是因为他们知识不足或没有管理知识。如果所有的社会或组织成员对知识的认识都停滞不前，那么所有人都会变得无关紧要，也不会再有创新。

知识转移需要合适的空间，因为它就像一条流动的河流。它是迭代的、渐进的、连续的、深思熟虑的、互惠的和令人振奋的，与此同时也是短暂的。

其他知识管理挑战

- 信任和激励的氛围。
- 识别组织的知识资产。
- 培养和维持灵活的员工队伍。
- 人工智能和人机协作时代的知识管理。
- 识别知识流失的风险和减少高风险知识流失的策略。
- 促进人员跨学科的参与和协作。
- 运用新知识的实践。
- 管理层对知识管理的支持。
- 劳动力老龄化。

我们将在整本书中解决其中的一些挑战。

1.3 管理个人知识

我写这本书的目的是激发各类组织中的成员对知识文化的兴趣——激发他们对知识的好奇心，并鼓励他们将知识管理作为所有组织讨论的一部分。首先，我们必须了解如何管理自己的个人知识。个人或显性知识是动态的，而且很难分类。每一个好奇的知识交换者都会带着他们的个人知识来到知识咖啡馆。在提高自己的领悟能力的同时，你更有可能发现自己不知道的事情，也愿意花更多时间在“类似咖啡馆的环境”中。

知识本质上是个人的知识，所以知识和知识管理也始于个人层面。一个人只要说过一些话或做过一些事，就是有知识的人。在讨论组织知识之前，我们必须首先对管理自己的个人知识抱有好奇心。哈佛商学院教授多萝西·伦纳德（Dorothy Leonard）博士曾谈到过“深度智慧”。她认为深度智慧能够产生一种神秘的品质，即良好的判断力。深度智慧代表了组织内某些专家所拥有的最深刻的知识与对该知识的理解，我称其为累积知识。我是否清楚自己知道了什么？我是否利用了我所知道的东西？

“你用知识做什么？”这才是你达到目的的手段，才是你用来创新和解决问题的资本，也是所有其他手段所依赖的根本。用知识创造财富，让新知识成就创新。我们用知识解决问题，它是智慧的开始，也是你的智慧工具包中必不可少的工具之一，例如理性、洞察力和智力。因为所有这些智慧都处于具体的语境之中，这意味着一个人可能具有某个学科或领域的知识，但缺乏另一个领域的相关知识。所以，你可能会说某个人很聪明，但缺乏洞察力、理性、智慧和知识。现在，保持你的好奇心，一起出发吧！

你清楚自己知道多少东西吗？你清楚自己都知道什么吗？你了解自己所知道的一切吗？你知道你的知识库存储在哪里以及如何访问它吗？你最后一次更新你的想法、创新、梦想和目标是什么时候？至少，对那些上班族来说，更新简历意味着更新自己的能力和成就。你最后一次记录你所知道的东西是什么时候？你最后一次更新你的专业简历是什么时候？如图 1–2 所示，我喜欢使用已知的未知事件（其他人知道的事件，但你需要进行学习的事件）与未知事件（没人知道且需要好奇心、重新学习、研究、创新来解决的事件）的概念来传达我们如何在知识咖啡馆里连接已知和未知的事件。

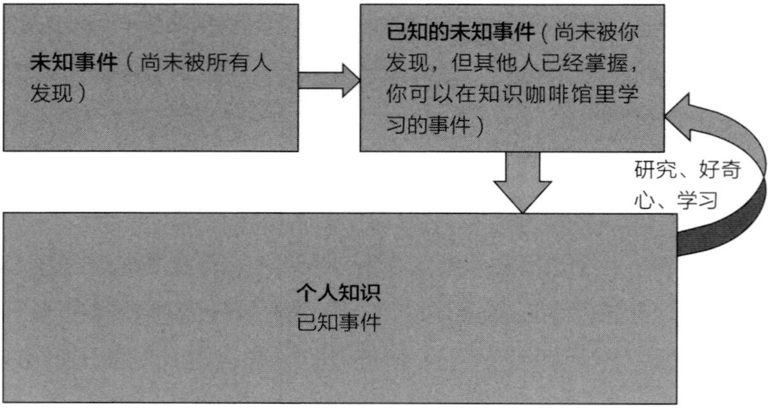

图 1-2　建立个人知识与未知事件之间的联系

想象一下，把你所有的个人信息都集中储存在一个地方，这些信息包括：病史、学业、身体状况、财务情况、培训经历、从事的专业、家庭记录，以及你所有经历过的和获得的经验教训、成就、成功和失败。只需一个代码或一个语音命令，你就可以在一个安全且加密的地方访问这些信息，它们已被索引、组织、分析和安全保存。这就是终极的个人知识管理系统，但这种情况的确可能会引发安全和隐私问题。

为了将我的知识资产集中收集在一处，我保留了一本个人知识登记册，还保留了一本梦想之书和个人里程碑登记册，在其中记录了自己在个人和职业方面取得的重大胜利和成功。这些就是我个人的知识管理系统。

为什么要建立个人知识登记册？个人知识登记册能够帮助你

为在家庭中或组织中建立知识咖啡馆做好准备。这些年来，我积累了太多的知识，以至于我无法回忆起自己都掌握了哪些知识。知识登记册很好地弥补了这个缺项。当你开始在知识登记册中记录自己所掌握的知识，无论是采用手写还是打字的形式，都会加强自己对知识的记忆；修订、添加或重写并与家人和朋友分享你的知识登记册和笔记也可以加深你对这些信息和知识的记忆。我们可以将可管理的知识、假设的知识、预先存在的知识、知识储存器中的新知识分开。

普林斯顿大学的帕姆·A. 米勒（Pam A. Mueller）和加利福尼亚大学的丹尼尔·M. 奥本海默（Daniel M. Oppenheimer）在 2014 年撰文指出，“手写比打字更有效”。他们认为，相比在笔记本电脑上记笔记的学生，用手记笔记的学生能够学到更多的知识。写作和重写加深了学习和学习的内化程度。加拿大安大略省滑铁卢大学的杰弗里·D. 瓦梅斯（Jeffrey D. Wammes）和梅利莎·E. 米德（Melissa E. Meade）教授所做的研究表明，绘制待学习的信息或通过视觉来描绘待学习的信息可以增强记忆力，通过促进记忆的语义、视觉和运动方面的信息整合还可以提高个人的表现能力。将表示概念、术语和关系的图形添加到个人的知识库中，有助于内化个人所掌握的知识、提高记忆力和学习能力。

我在我的知识登记册中记录了我接受过的每一次培训、学到的每一个新事物以及完成的每一个项目，包括其中的主要任务。当然，我也会特别强调我为组织节约的成本、提高的效率。我记录了我指导过的人数，因为我的目标之一是指导一百万位知识领袖。我记录了我所做的讲座和演讲、做志愿者的时长、在家完成的项目、学到的教训、犯过的错误、做出的重要选择以及所产生的结果。

若想打造健康的知识文化，就必须了解自己所知道的知识（项目团队和其他利益相关者的技能、经验和专业知识），以及需要知道的知识（员工头脑中的已知的未知知识和未知的隐性知识）。

我们很难掌握隐性知识。如第18页的图1–2所示，它属于已知的未知知识。掌握隐性知识有三种简单的方法：通过创造知识共享的文化来改变竞争所有者的心态、创造共享知识的激励机制、创造共享的机会，而知识咖啡馆兼具了这三种方法。

知识咖啡馆帮助我们了解自己已知了哪些知识、应该知道哪些知识，以及如何在项目和企业之间轻松地访问和转移这些知识。因此，知识咖啡馆正是我们可以更新知识的地方。

我们将已知的以及被记录在案的知识作为向已知的未知知识的过渡，继而发现未知知识。如图1–2所示，凭借我们的个人知识以及我们知道的知识，我们可以探索别人知道的知识以及未知的知识。利用我们所知道的知识，好奇心将会把我们带到知识咖啡馆，发现已知和未知的知识。知识咖啡馆里蕴藏着所有已知和未知的知识。在这里，我们可以分享自己登记册上的知识，了解其他人的登记册上的内容。我曾在知识咖啡馆提出的最受欢迎的问题是："通过分享一些在你的个人知识登记册中最有用的知识，你最近知道了哪些本应在10年前就知道的事情？"

从这个角度看，知识只有加以使用才能获得价值，如果不使用或者不重复使用，它们就会变得毫无价值。

得克萨斯州交通运输部的工程师兼前地区运营总监兰迪·霍普曼（Randy Hopmann）告诉我："做任何事情都会出错。"我会特别强调我本来应该学习的但碰巧才刚学到的新事物，比如我读过的书、去过的地方，在会议或知识咖啡馆活动中建立的有价值的关系。这些内容会帮助我了解自己当下已经知道了哪些知识。当我更新简历时，我会翻看我的知识登记册，而我总是会对那些我已经忘记了的自己原本知道的事情感到震惊。在评价自己的职业生涯时，我可以利用我所知道的事情来讲述我的成就。当我再参加工作面试时，我可以清楚地展示我已经成功做了哪些工作以及我能做成些什么。这就是我管理自己知识的方式，如果你不掌握自己的知识就注定会失去它们。我所知道的事情变成了我的灵感，激发了我对创新的好奇心。

个人知识登记册

知识登记册不仅仅是个人的日记，还是个人的知识组合。所以，你要像发展财务投资组合一样，发展并培养自己的知识组合。记录是知识转移的重要过程，因此，日记是个人知识登记册的一部分。我保存了一份胜利登记册，作为我个人知识登记册的一部分，并在其中记录这一年中所有令人难忘的知识、事件和里程碑。如表 1–1 所示，这只是我数百个个人知识登记册的快照之一，虽然它不是太个人化，也不是很详细，但这些都是我的宝藏。

当我与他人一起参加知识咖啡馆的活动时，我们会根据自己现有的知识，就彼此的成就和失败交换想法并表现出对新知识的好奇心。尽管组织知识管理较为复杂，但它也始于好奇心和个人知识管理，始于深思熟虑、冥想、个人反思、提问和回答、反馈和教导他人，以及分享我们所知道的。

表 1–1 个人知识登记册

<table>
<tr><th>活动目标</th><th>梦想</th><th>预期的结果</th></tr>
<tr><td colspan="3">我的成长计划：每五年的成长里程碑
1. 每天至少学习三个新的创意。这能够确保你在每个季度都能获得一个或者更多的新的可行概念。
a. 参加以下主题的网络研讨会：人工智能、利益相关者参与、项目管理、知识管理、财务管理、领导力发展、创新和问题解决。
b. 读一本书。
c. 学习一个新概念或一项解决问题的策略。
d. 每个月至少与一位导师见面并向其学习。
2. 每周至少影响一个人。
a. 将新学员的数量增加 X%。
b. 专注于影响家人。
3. 在社交媒体上进行宣传。
4. 写一本书。
5. 撰写新的报告。
6. 在非营利组织做志愿者。
7. 每五年至少获得一个最终学位、文凭、执照或证书。</td></tr>
<tr><th colspan="3">培训和项目</th></tr>
<tr><td>研究和开发项目管理培训和研讨会的材料。</td><td>参照或遵循项目管理协会指南、美国国家公路合作研究计划、由 52 名成员组成的美国国家公路与运输协会和美国运输研究委员会知识管理社区、知识管理行业标准、知识博览会和知识咖啡馆的模式，为中小企业和研究人员提供头脑风暴结果。</td><td>2020 年 1 月完成；根据课堂反馈修改材料。</td></tr>
</table>

续表

日期： **知识：**金融市场。 **新知识：**进行股票交易培训并投资；测试我对风险的态度和厌恶程度。 **克服风险 / 恐惧：**对金融投资的恐惧；你可以获得更多的收益，也可能会失去一切。 **职业相关性：**风险管理。 **遗憾：**没有早点这么做。	● 到 2020 年增长 50 个投资组合。 ● 期权和期货交易。 ● 分配一部分储蓄投资到股票市场 。	股票市场的机会。 哇！ ● 要想在这个领域获胜，你需要知识、耐心和正确的策略。 ● 意识到一个人可以用很少或很多的钱来投资股票市场。
日期： **知识：**企业项目管理。 **新知识：**设计一个企业项目管理开发项目。 **克服风险 / 恐惧：** ● 一项值得接受的新挑战。 ● 学会了如何有效地将这些知识整合到复杂产品的系统工具箱中。 ● 起初，我认为会有更多、更聪明、更有经验的人来承担这个项目，觉得自己不够格。 ● 我现在或许认为自己还算称职。 **职业相关性：**知识管理。 **遗憾：**没有早点做这件事；这些工具能在多大程度上满足复杂产品系统的需要。	● 到 2016 年 7 月，培训了 60 名从事项目管理的项目经理，并获得项目经理资格认证。 ● 将项目管理制度化。 ● 为公司所有项目经理提供职业发展的保障。	培训了 60 名项目经理。前 6 个月有 24 名学员通过认证，2020 年有 100 人通过认证。 2016 年，得克萨斯州交通部执行董事因高标准的卓越表现而获得荣誉证书。 哇！ ● 极大激发了大家的热情。 ● 数十名项目经理在等待名单上，该项目无须做任何的营销工作。 ● 几位学员在完成此项目后职业生涯得到了提升；学员收到的每封晋升信和新职位都让我很开心（每位获得认证的学员获得新职位的机会提高了 45%）。

续表

知识： 共同用 WebEx、Zoom 和 Jabber 等网络工具来召开会议。 **新知识：** 探索这些工具的协同功能。 **克服风险 / 恐惧：** 新挑战。 **职业相关性：** 知识管理。 **遗憾：** 没有早点这样做。	用这些工具召开了几次领导会议。	这些工具成为我知识管理技能的一部分。
新想法、灵感、地点和恍然大悟时刻。 把所有的新想法和灵感都写入知识登记册中。		
• 确定、研究和开发知识咖啡馆作为知识管理工具。 • 在洛杉矶召开的项目管理协会全球会议上发表演讲后，与某出版社达成出书协议。 • 在 16 个城市介绍项目管理和知识管理，学习新的文化，结交新的朋友，拓宽自己的人脉。 • 在“帮助”网站上举办研讨会。管理糟糕的项目和利益相关者。 • 在奥斯汀举办 5 次领导力咖啡馆。	• 每年举办 10 次针对不同的解决方案和专业策划的知识咖啡馆活动。 • 索引、存储，并整理学到的教训和知识采访 / 讲故事，在整个企业中使它们可访问，可搜索，可发现。	• 第一季度开会 3 次，并安排好下一季度的会面。 • 每月在一个新的知识咖啡馆与朋友或同事聚会。 • 用知识咖啡馆解决家庭问题，召集创新者、领导人、项目经理、中小企业、同情心和非政府组织，连接政府、企业和宗教团体等。

续表

意外发现：伟大的发现、技巧、创新的想法		
日期： **知识：**金融健康。 **新知识：**通过大量购买节省预算；偶然发现了奥斯汀的两家折扣店；信教家庭每月预算。 **克服风险 / 恐惧：**新的挑战 **职业相关性：**财务责任和健康。 **遗憾：**没有早点这么做。	节省 $ ● 为国家的贫困社区发起了“希望之水”项目。 ● 了解了买车的最佳方式。 ● 了解了国际运输的最佳方式。 ● 了解了向国外汇款的最佳方式。	节省 $ 哇！ ● 参加了大卫 · 拉姆齐（David Ramsey）在金融大学的课程。 ● 从折扣店买一件商品，省了 25 美元。 ● 回报不可能大于付出。 ● 学会了如何布置一个有多个显示器和家具的家庭办公室。 ● 学会了如何和孩子们一起搭建蹦床；与我十几岁的孩子们建立了联系

所有这些都是个人知识管理的特征。这也验证了德格鲁特商学院的尼克 · 邦迪斯（Nick Bontis）教授有关态度和行为类别的观点，它是人力资本的一部分，但在知识管理的文献中却被严重忽视。当我们表现出这些特征和行为时，我们是否可以说我们知道你所知道的知识？你如何处理你所知道的知识？你如何管理自己的知识？你如何访问你所知道的知识？是听天由命吗？还是真正负责地管理自己的知识？你应该很清楚自己需要在职业生涯中继续进步，知道应该与谁保持联系。

生活就像坐在咖啡馆里一样，可以自己选择坐在哪个位置，你不会等着别人来为你选好座位。同样，如果你寄希望于你的老板能为你管理知识，那么留给你的只有等待。

如何在知识咖啡馆中选择座位：

- 决定你想要坐的是安静的座位还是热门的座位。
- 像选择其他朋友一样选择自己在知识咖啡馆中的朋友。
- 评估你的知识。
- 大胆地迈出一步。
- 有意识、积极主动。
- 穿过人群。
- 找到座位。
- 占好座位。
- 不要因为自己的选择或运用自己的知识而感到内疚——这才是智慧。

这些是一间高效的知识咖啡馆必须具备的一些基本特征。我发现了许多“浪费咖啡馆”空间（无论是线上的还是线下）的实际案例，因为参与者并没有对知识咖啡馆里会发生什么以及为什么要去知识咖啡馆形成共同的假设和认识，即他们没有明确去知识咖啡馆的原因是为了获取知识。

你需要借此机会开发自己的知识登记册（请参见表 1–1），对自己的知识进行组织、排序，列出优先顺序，使自己的大脑记得并能够查找和搜寻这些知识。你是唯一一个了解自己需要掌握哪些知识才能获得成长和进步的人，所以你有责任管理自己所知道的知识以及如何将自己知道的知识应用于生活中。对自己的知识登记册进行“SWOT”分析（优势、劣势、机会、威胁）。进行 SWOT 分析后，你会明确自己的知识资产处于何种水平。你的优势是自己的关键任务知识、可以分享的知识以及使自己与众不同的知识，而劣势是你的知识库中存在的差距，需要同行给出的建议。这样一来，你面临的机会是可以将特定的知识资产与职业发展建立联系，而威胁则是某些知识可能会对社区产生损害或不良影响。例如，虽然无线技术使存储密码变得更方便了，但这却可能会导致网络攻击和身份盗用行为的增加。

1.4
以人为本，流程或技术次之

如果你有勇气帮助他人找到自己的道路，并使他们在工作中表现出色，难道你不想和他们一起喝杯咖啡吗？如果你有时间写一份 6 页的流程描述，难道你不需要花 30 分钟的时间更好地了解你想要帮助的人吗？如果你在分享自己知道的信息的同时陪伴某人完成了复杂的任务，你是否会期待对方对你表示些许的赞许？所以，什么都无法替代人际交流。

也就是说，不要把技术抛给人们，技术只是一个推动因素和利益相关者。

知识管理依赖于三个推动因素：人员、流程和信息技术。有些人可能认为“内容”是第四个推动因素。我很困惑，因为关于知识管理的主要讨论都指向了复杂的流程和技术。这种三脚凳的历史可以追溯到 20 世纪 90 年代的阿柯夫模型。在我们拥有负担得起的技术之前，知识管理已经发展了 30 年。阿柯夫模型只是帮助我们普及什么是知识管理，如今人们对知识管理早已司空见惯，于是它开始回归到后台。技术只是推动因素，但也有可能成为阻碍因素！使人们迷失在复杂的海洋中。同样，鲜有人重视知识创造者和用户的知识转移偏好。所以，知识转移缺少的是人员和一种简单的思维模式，即简单易用的知识库和社交协作空间。如果不了解人本身，又怎么能了解智力资本（锁在人们头脑中和心中的知识）呢？如果没有和一个人建立联系，你怎么能认识他或向他学习呢？

我们真正需要的是关系学习，而不是事务性学习。你一定不想向你不喜欢的人学习或分享知识。知识咖啡馆中人们的对话和关系比人们交换知识的机械交易方法更自然、更真实，因为他们觉得自己有义务分享自己所知道的知识。虚拟和面对面的联系该如何分别建立关系？新冠疫情的经验教训让我们明白，合作有无限的可能性。奥普拉·温弗瑞（Oprah Winfrey）2013 年在哈佛大学的毕业典礼演讲中说：

“尽管这里是社交媒体‘脸书’诞生的地方，但我还是希望你们能够脱离虚拟环境，尽可能多地和那些与你意见相左的人进行一些面对面的交流。你们要有勇气去直视他们的双眼，去聆听他们的观点，并且确保这世界的高速、距离、匿名不会让我们失去站在他人的立场上去认可那些我们作为人类共同享受东西的能力。这是你作为一个个体或是为了整个国家的成功必须要做到的。”

大多数生活问题只能通过面对面的交流才能解决，而人们在咖啡馆里的心态使这一切成为可能。

一定有办法用光明驱散黑暗，咖啡馆谈话正是解决这一问题的灵丹妙药。

人（知识使用者和创造者）之所以是人，是因为人具有知识的灵性。我突然想到，我们常常忽略了知识的生命线或灵性，即人与人之间的联系。

现实世界告诉我，你不只是通过管理项目、领导他人、整合流程才能取得成果。如果只是管理项目，你就会只见树木不见森林，很难解决当下的问题。威斯康星大学麦迪逊分校项目领导联盟的发起人兼负责人亚历山大·劳弗（Alexander Laufer）认为："关键在于我们不能只是管理项目，而必须领导项目。事实上我们既需要领导也需要管理，但时下盛行的范式是管理项目，即通过计划和控制解决所有问题。我的研究一次又一次地告诉我，那些将领导和管理结合，或者是便于管理的项目才能做成最好的项目。此外，我还发现传统的项目管理方法缺少一个正式的'知识'成分，并且需要更多的领导力元素。""直属主管"不应该把知识咖啡馆变成一个老式的教室，在有这样的趋势出现之前，所有的分享都会停止。如今，各类教室都开始变革成咖啡馆式的教室。

专业从业者是自己业务知识的独家保管人，所以他们更需要认识到分享知识的好处。谁拥有与项目或工作相关的知识或许还存在争议，但你一定没有掌握你不知道的知识。单纯只是建立了知识分享的机制不足以帮助组织取得最佳实践，组织还需要营造支持和奖励知识分享的环境。与其"他们对抗我们"，不如将知识视为组织的共有财产。当我与项目的所有利益相关者交流专业知识、传播想法、积极分享知识时，才能取得最具创新性的成果。只有公开分享知识，才会激发出新的信息，而新信息会进一步稳步地催生创新。

你如何了解组织中的关键知识，或者何时知道以及如何分享这些知识？一旦确定了组织的关键智力资本，就需要对其进行捕捉、获取、解释、分析、转换、展示，并使其可供未来的利益相关者使用。组织必须要举办研讨会，让知识工作者可以互动，从而分享和交流他们的经验，继而产生新的知识和创新。我将在第

12 章中讨论这方面的内容。

我不再对没有某种知识共享的情况下出现的信息孤岛抱有幻想。我们有几个经验教训存储库，但却无法从中学到任何东西！合适的环境和正确的心态对于知识交流至关重要，知识脱离了语境将失去所有的意义。每次领导一个项目时，我总是觉得自己好像在低效率地重复做无用功，就像在做白日梦！我们需要知识领导力吗？当然。知识领导力能够为知识系统提供监督和治理。

由于退休、工作流动性增加和信息孤岛等原因，我目睹了项目里的人才流失现象。许多有价值的专家在我的专业环境中逐渐老去，人才老化的现象把我吓坏了。例如，在得克萨斯州交通部里由测量员和地理科学家组成的实践社区中，参与知识交流、集市和知识咖啡馆的人员的平均年龄已经高达 65 岁。得克萨斯州交通部是一家拥有 12 000 名员工的旗舰政府机构。该机构的公众形象通常与其在得克萨斯州建设和维护着该州庞大的州际公路系统有关，在其管辖范围内拥有 80 455 英里①的中心线和近 55 000 座桥梁。该机构还负责监督该州的航空、铁路和公共交通系统。随着人才流失现象的加剧，我们必须改变我们教授、学习、保留知识，以及在人与人之间以及人与系统之间传递知识的方式。大量的知识正在从我们的工作场所中流失，我们该如何缓解这种知识外流的现象？

关于当前美国的劳动力情况分析，迄今为止，美国的劳动力主要由 5 个不同的群体构成：

① 1 英里约等于 1 609.34 米。——编者注

- 沉默的一代：出生于 1925 年至 1946 年；
- 婴儿潮一代：出生于 1946 年至 1964 年；
- X 世代：出生于 1965 年至 1980 年；
- Y 世代 / 千禧一代：出生于 1980 年至 1995 年；
- Z 世代 / 网生代：1996 年后出生。

每一代人吸收信息并将其解释为知识的方式都不尽相同。到 2029 年，这些劳动力中约有 7 600 万人——尤其是婴儿潮一代——将以每天约 11 000 人的速度从劳动力群体中退休。另一个令人不安的现实是，到 2030 年，预计 20% 的美国人将年满 65 岁（数据来自美国人口普查局，2014 年）。随着这些员工逐渐退出劳动力市场，组织会逐步失去关键的业务知识、技能和经验。在大多数大型的组织中，数百名项目经理都在重复着他们的工作。如果我们不管理业务知识，就无法利用从以前项目中总结出的智力资本。如何识别、解释和记录大量知识管理活动？随着技术和机器呈爆炸式增长，内联网开始用于存储那些已获取的知识。我们是否拥有合适的知识共享环境？虽然专家们开发了许多流程，但这些流程的标准化在哪里？是否能够实现知识共享？你虽然能把一匹马带到水边，但你不能强迫它一定要喝水。对于任何宏大的概念、愿景或战略，环境是最重要的机会促成因素，当然也可能成为最大的威胁。

2015 年，我在得克萨斯州交通部开展了一项文化改革项目，我选定、培养并领导了 43 名经过认证的项目管理专业人员来指导其他几十位项目管理专业人员。在我管理的两个试点项目中，所有参与项目的人都有一位经验丰富的项目经理作为导师，此人既是导师又是教练。他们为潜在的被指导者营造了知识咖啡馆空间，被指导者可以提出问题并免费获得项目知识。我还组织了组织中的一些知识管理活动，例如社区实践、工作见习、社交媒体活动、团队协作、数据和信息管理、项目后采访、团队建设新兵训练营等。

在IT、人力资源、通信、战略和创新、图书馆和信息管理、数据科学等领域专家的帮助下，我们浏览了组织中的知识管理元素，并对其进行排序。根据它们对知识识别、获取、分享、重用和更新的相关性和价值，我们确定了数十个元素。如果我们后续需要制定企业知识管理战略，那么这次的扫描会为我们提供指导和路线图。

即便有这么多改变，我还是明显感觉缺少了一些东西。这些变化的交集究竟在哪里？随着我的项目在时间、资源和复杂性方面的累积，我发现了对“知识管理交换所”的需求。从宏观和管理的角度来看，组织需要通过系统性的方式从主题专家那里获取信息。所以，是时候积极地引导跨企业的知识工作者们共同迈向知识社会了。

因此，我们需要建立一个概念上的知识管理“基地”，找到这个“基地”应该像走进街角的咖啡馆一样简单。知识咖啡馆的概念为识别、获取、分享和重复使用重要的商业信息和关键知识资本打下了基础。建立知识咖啡馆空间是为了供知识爱好者收集、复习、讨论、制定知识战略和工具，分享最佳实践，以及收集和处理有关成功和创新项目实践的信息，并探索实践社区的资源。知识咖啡馆是一种偶然的、有机的发明。根据我的经验来看，健康的知识管理环境，能够营造一个有助于各种兴趣和不同顾客互动的空间。知识咖啡馆把不同的，或许是随机的陌生人聚集在同一个空间里，加之其中直奔主题的谈话，势必会吸引有责任推动知识转移运动向前发展的千禧一代。

我渴望邀请从业者们进入一个简单的对话空间（知识咖啡馆），在其中集思广益，研究、碰撞和优化各种水平层次的知识。参与知识咖啡馆的人是知识的创造者和用户，他们热衷于知识的创造、分享、发展。如果只有信息收集和处理的过程，知识管理就会变得生硬且无意义。我们需要通过学习在组织中真正建立起知识咖啡馆思维，其中涵盖了人、关系、咖啡馆和知识。

在我的职业生涯中，我在知识咖啡馆的环境中学到的东西要远远多于在传统的教室或无聊的会议上学到的东西。事后看来，我正是在知识咖啡馆的环境中从事志愿活动时遇到了我认为最好且最重要的人。我从知识咖啡馆经历中收集了最好的想法，并将它们变成现实。在知识咖啡馆的环境中，我摆脱了自己最大的恐惧，结识了最好的朋友。人只有在专注的环境中才能学习。信息环境往往是孤立的，但吸取信息的环境不一定会让你收获深刻的理解。知识咖啡馆最棒的地方在于，我们在这里提供信息供大家解释、分享经验、深入思考，于是信息就变成了知识。

知识咖啡馆是通向知识管理的门户或初体验。这种关系思维让我们能够充分利用现有工具和空间的优势，加速和发展了有关文档、物品和烦琐形式的日常对话。

让我们借助知识博览会和咖啡馆来开始关于知识管理的对话吧！知识博览会能够展示组织的知识资产和实践。它取代了传统的展示，是一种互动性更强的体验。因为没有万能的方法，所以我更喜欢将知识咖啡馆与知识博览会结合起来，借此提高知识管理的正式程度。这种组合给了我将知识咖啡馆升级到领导力咖啡馆的自由和影响力，对管理政策、制度化和知识管理的实施进行了微调。我将在第 11 章中讨论领导力咖啡馆的相关内容。

1.5
案例研究：代际关系

变化——特蕾莎·卢埃克

特蕾莎·卢埃克（Theresa Luebcke）的案例研究间接地将概念归因于第三方，特别是有资质的第三方。美国项目管理协会（PMI）是全球最大的认证项目管理专业人员资格（PMP）的专业组织，PMP 是 PMI 认证的资质证书之一。获得认证的专业项目经理可以管理各个行业的项目，并且几乎所有国家都承认 PMP 的认证。项目管理协会在 10 个地区设立了 300 多个分会。特蕾莎是 6 号区域的导师，负责指导美国中南部的 26 个分会。你或许会认同她关于知识转移的经验和效力的看法。特蕾莎指出，如果你能够分享你的知识并积极推进知识转移，那么你会成为一个更好的、更聪明的甚至是不可替代的领导，反之则不然。

以下是特蕾莎的故事：

我的职业生涯始于 1985 年，当时我是美国中西部一家大型制造工厂的供应商。我很快发现那些“老前辈”（那些在制造公司有 20 多年工作经验的人，或“婴儿潮一代”）不愿意分享他们的知识。他们抱有这样的心态：“……如果我分享了我所知道的

> 内容，就会有人抢走我的工作！如果我把我的知识保密，那么他们（公司）就会一直需要我！”在那些已经跳槽到供应商公司的人身上，我也发现了类似的心态。他们在制造公司工作了很多年，但最后跳槽到供应商公司。他们认为管理人员应该有相关的从业经验，这样才能了解他们管辖业务的各方面细节。他们不能只是依赖他们的下属（或下属的报告）来了解更多自己所不知道的知识！我一直被这样的想法影响着，直到他们中的一些人到达退休年龄，新的血液开始填补这些职位。这样的环境中不可能构建起知识咖啡馆，也不可能进行知识交流文化。
>
> 无论是继续留在公司的员工，还是跳槽到供应商那里的员工，我都感觉有必要在这两类员工中出台正式的流程进行知识转移或期望实现知识转移。随后我发现，随着新员工的涌入，知识转移变成了一件司空见惯的事儿。他们想要升职（或进步），所以他们更愿意与他人分享自己的知识，也不再认为自己那么的“不可替代”。

我非常认同特蕾莎等经验丰富的项目经理和知识经纪人的意见。没有人是不可替代的，但如果你是分享知识的知识经纪人，你将会成为组织中极为重要的资产。每个人都需要分享自己的知识，否则就会使自己变得无关紧要！

1.6 好奇心：想法、提示和技巧

这些年来，我学到了很多技巧和窍门，我也很乐意与你分享我的想法。

你可以利用印象笔记（Evernote）、谷歌云笔记（Google Keep）、电子记事本（OneNote）和谷歌云端硬盘（Google Drive）等个人和专业知识管理系统来记录自己的个人知识。SharePoint等企业访问工具，也具有个人知识管理功能。你还可以在手机上下载那些专供灵活产品开发团队或瀑布式开发团队使用的其他的知识记录工具，操作起来也非常简单。例如录音机、Agile for Scrum、VersionOne、Jira Software、Audacity、Active Collab、Atlassian Jira + Agile、Cogi和Otter.ai。知识咖啡馆并不是聚集了那些掌握了一些知识并想要了解专业知识的人，而是一个展示和讲述每个人脑海中的知识库的地方。1.3节中论及的个人知识登记册就是它的一个促成因素。当你利用这些工具来盘点个人知识时，也可以将它们带到知识咖啡馆中与他人分享。

个人知识管理包括演示、记录、教别人你所知道的知识以及社交互动。与他人互动也能够反过来使你更好地记住自己所掌握的知识，对此产生更宏观的理解。我们所有人都可以分享自己所知道的知识。在你分享之前，没有人知道你都知道哪些知识；在分享的过程中，你和对方都能更好地掌握你所分享的知识。在你分享你所知道的知识的过程中，也正是在测试你所知道的知识。你是否真的了解自己所知道的知识？个人知识就是你的力量，你永远不会比你所知道的更聪明。那么，你是否足够智慧？知识只有被应用后才能转化为智慧，知识在被应用之前几乎没有任何的价值。所以，每个人都要审视自己所知道的知识，思考如何使用这些知识。人之所以聪明，不是因为他们什么都知道，而是因为他们知道自己都知道什么，并且知道如何正确地激活自己的知识。如果你知道你都知道些什么，那么你就会成为一个有智慧的人。

学习意味着要获得知识，否则就只是信息曝光。我们使用知识来管理项目、关系、业务和创新活动，但很少或根本不会管理知识本身。我们有多少次犯了错误之后，还会反复犯同样的错误，丝毫没有从中吸取教训？我能回忆起自己可悲的经历，我曾经重复犯同样的错误并且深受其害。管理知识可以使我免于走上错误的道路，从而接受真正的教训。

知识咖啡馆的参与者虽然的确都是在讨论伟大的问题，但却不能回答自己的问题。

我宁愿被称为学习者也不愿被称为老师，因为你很难教会别人那些连自己都没学过的东西。每一位伟大的老师首先都是一位了不起的学习者，因此，每个领导者都是会提出问题的学习者。一旦我们停止学习，就逐步开始死亡。我们要学会分享，分享的过程同时也是学习的过程。如果不学习，人就会变得更加无足轻重。对话式学习是最有效的学习方式之一，这也正是知识咖啡馆的用武之地。人们在知识咖啡馆中进行对话，而不是辩论。领导力和管理学专家约翰·麦斯威尔（John Maxwell）甚至写了一本名为《提问——卓越领导人问伟大的问题》（*Good Leaders Ask Great Questions*）的书，强调对话中提问的重要性。他认为，伟大的问题之所以重要，是因为它们打开了原本紧闭的大门，是人与人之间建立联系的最有效的方式。与他人联系的最有效方式是提出问题，从而碰撞出更好的想法，提供不同的视角。

知识咖啡馆是理念的交叉融合，传递了我们对新知识的好奇心，最重要的是，它可以帮助我们理解自己所知道的知识。所以，要在咖啡馆中提出自己的问题。

我们的大脑之所以会记住并避免上一个错误，是否是因为我们在潜意识里宁愿相信自己从未犯下这样的错误？这还有待讨论。记忆有其独特的结构成分，大脑也有许多其他的功能，例如感知和计划。大脑中的许多成分与记忆无关（例如神经胶质细胞、髓磷脂）。当我们对外部刺激和强化化合物做出反应，重新连接我们的大脑时，就会产生记忆。诸如经验教训或事后回顾之类的知识管理技术使我们能够记住最后一个错误并且不再重复犯错，因此，可以为此专门组建一个知识咖啡馆。

人们只是一味地想要获得新的学习机会、新的想法、创新和新知识。有多少人会进行反思，寻找错误并从中吸取教训？有多少人盘点了他们所知道的知识，并以此为基础打磨自己的知识、见证新知识和创新的爆发？我们是否会忘记自己所知道的知识？答案是当然会。

我们有可能忘记我们所知道的知识，也有可能忘记我们已经忘记的知识。如果我们能够激发自己的好奇心，培养我们的知识，管理我们所知道的知识，重新点燃它们，那么我们就会记起自己究竟忘记了哪些知识。重要的不是我们学到了多少知识，也不是我们是否了解自己知道多少知识，而是我们知道多少知识、知道些什么知识，以及我们用自己的知识做了什么。你可以知道一样东西，但你管理知识的方式才会触发创新和创造力。你也可以学到很多东西，并为此感到高兴，但这不是创新，因为知识本身并不等同于创新。尽管如此，当你开始管理知识时，还是会产生新的知识。新知识又会进一步引发创新，就像新研究会激发创新和进一步的研究一样。

提示

- 在你的组织里，大家都不会相互交流，都采用自顾自的滔滔不绝的说话方式，这就是最糟糕的管理项目知识的方式！知识管理是彼此之间的相互交流，并且有知识参与的对话。
- 组织里的成员彼此能够相互交流、相互联系。
- 我曾经有一位员工，当你进行正常的讨论时，他总是对你大喊大叫。后来我选择在咖啡馆里开会，讨论就发生了变化。由于环境的原因，大家开始互相交谈。如果你处于一段爱争吵的关系之中，那么就试着在咖啡馆里解决问题。相信每个人都会有所收获、有所成长。
- 当我们发现存在知识缺口或缺失某物时，就尝试去寻找缺失的知识。
- 不要默许知识差距，要试着弥合所有的差距。
- 找到差距的前提是对现状进行分析。
- 你知道为什么聪明的人如此之少吗？难道是因为我们没有应用我们的知识？还是因为没有找到智慧的源泉？
- 如果你的解决方案不合适，则需要探索最佳实践方案。
- 解决方案应该适用于其最初的设计目的。
- 好奇心会驱使我们提出问题。
- 当你突破已知范式的界限时，就会找到新的知识和创新。

第2章

知识咖啡馆的定义

本章目标

- 探索知识咖啡馆的定义
- 分析人们去咖啡馆的原因
- 研究咖啡馆的起源
- 识别孤立的信息和知识
- 探索如何打破知识和信息孤岛
- 解释如何更新项目团队的知识

2.1
知识咖啡馆的真正定义?

> 我记得——你知道我没有接受过正规教育。我是在蒙得维的亚的咖啡馆里接受的教育。在咖啡馆里，我第一次学到了讲故事的艺术，学会了讲故事。
>
> ——爱德华多·加莱亚诺（Eduardo Galeano）

乌拉圭记者爱德华多·加莱亚诺说他是在咖啡馆里接受的教育，而不是在教室、图书馆或会议中。如今，我的大多数朋友都将咖啡馆的方式应用到了自己的教室、研讨会和会议中。我并非想要弱化知识无可争辩的力量，但自古以来，咖啡馆里就一直上演着知识交流的奇迹。说实话，在当今的时代，许多教室都正在演变成强大的咖啡馆。每个人都可以选择自己的座位，而不是由他人安排座位。每个人都掌握了别人不知道的事情，所以我们需要在咖啡馆里进行交流碰撞，分享自己的知识。

咖啡馆的起源是什么？

作家亚当·戈普尼克（Adam Gopnik）在评论沙查尔·平斯克（Shachar Pinsker）的著作《浓咖啡之味：咖啡馆如何塑造现代的犹太文化（纽约大学）》[*A Rich Brew: How Cafés Created Modern Jewish Culture*（*New York University*）] 时指出，咖啡馆“是政治现代性的重要社会机构，是脱离氏族社会，进入国际化社会的途径。欧洲的咖啡馆是‘第三空间’，因其公私兼具的特殊性质，才使得革命话语在此蓬勃发展”。戈普尼克认为，“该理论与德国著名的社会学家、哲学家尤尔根·哈贝马斯（Jürgen Habermas）的理论一致，17—18 世纪的咖啡馆和沙龙在一定程度上被认为是自由启蒙运动的基础，探索出了一条从氏族社会进入国际社会的道路。民主不是在街头产生的，而是在咖啡馆的‘碟子’的碰撞中产生的”。围绕风险识别和分析展开的艰难对话、友谊、促膝长谈、同志情谊等，都是在类似咖啡馆的环境中形成的。

咖啡馆是一个交际的空间，是在国家的直接控制场所、工作场所、家庭、传统教室、会议室或会议场所之外有意创建的用于交谈、协作和喝咖啡或喝茶的交际空间。这就是平斯克所谓的“第三空间”，超越了第一空间（家庭场所）和第二空间（工作场所），在这里，公民社会开始以出人意料的方式蓬勃发展。

咖啡馆作为一种社会机构，对很多人都有重要意义。对一些人来说，这是一种能够逃离工作场所的噪声或安静的方式。咖啡馆对求知欲强的项目经理和知识工作者来说是一个大熔炉；对其他人来说，这里是一个充满情调和浪漫气息的剧院，又或者说他们能够在此结识趣味相投的人。而对于某些人来说，它只是一个重要的聚会场所，咖啡的价格或茶的选择并不重要，食物的气味、艺术氛围和简约的形式才是真正意义深远的东西。

那么，知识咖啡馆究竟是什么？

知识管理大师、对话式领导力之父大卫·古尔滕通过他的在线博客最先提出了“知识咖啡馆”的概念。如果你知道自己已经掌握了哪些知识，那么你就可以在咖啡馆周围走动，查看咖啡馆的平面图，再落座，从一天的工作中抽离、短暂休息，在咖啡馆里与其他一些有创意的人一起闲聊。确定了最佳座位后，你就可以和他人一起探寻“知识”一词的含义。

知识咖啡馆是知识管理对话的概念“基地”。它就像街角的咖啡馆一样简单，是一个时而非结构化的、时而结构化的、交互式的生态系统，知识工作者可以在此获取想法，分享、交流和更新知识。知识咖啡馆是开启知识管理对话最直接的方式，它是知识工作者和知识交流的交汇点。在这里，每位知识工作者都有发言权，没有人会因为自己在咖啡馆发表的意见而受到评判——这是一个“没有评判”且“安全的知识空间”。我们在咖啡馆学习如何变得更敏捷、快速，以及如何进行协作、反思、提问和回答问题。正如亚当·米钦森（Adam Mitchinson）和罗伯特·莫里斯（Robert Morris）在他们 2014 年的研究中所阐述的那样，我们的重点必须从传统的学习方式转移到寻找和培养能够不断放弃不再相关的技能、观点和想法，并学习新知识的方式，也就是说，我们需要不断反复地挑战现状。

知识博览会是对知识咖啡馆的补充。这是一个展示组织中的各种信息、学习风格、知识管理方法以及最佳实践的知识活动。知识用户可以在知识博览会上展示他们所知道的内容，他们是如何获取、分享、存储知识的，以及将自己的知识存于何处。知识博览会既可以围绕某一特定的主题展开，也可以非常宽泛不限定某个具体的主题。举办知识博览会的动机往往是出于好奇心，目的是了解自己知道什么以及他人知道什么。

几年前，当我第一次把知识博览会和知识咖啡馆结合在一起时，几乎没有任何关于知识咖啡馆实践的文学作品。更何况，人们对于如何运作知识咖啡馆众说纷纭。我之所以将知识博览会与知识咖啡馆结合，原因很简单，就是将社区实践者、知识管理爱好者、学习者、创新者、知识经纪人、导师和受训者聚集在一起，介绍知识交流或管理的方法、工具和技术、活动，这也是信息管理实践、打破孤岛的最佳实践，以及企业内部利用知识管理技术的动力。

所以，知识咖啡馆可以是自发组织的，也可以是有计划筹办的，规模大小各异，但都是以知识流动的交换和碰撞为主要特征。

我也不赞同采取一刀切的方法。知识博览会是传统演示型聚会（无论是否有演讲者）的替代选择。知识博览会为与会者提供了许多机会，使他们可以探索知识领域和感兴趣的信息，其他人在做什么，其他人如何管理自己的知识、结果、挑战，以及与知识经纪人（专家）和拥有最佳实践经验的人建立联系的机会。知识博览会向与会者展示了大量的信息、知识管理元素以及最佳实践。

与其他类型的展会一样，知识博览会上也会出现很多不适于在其他场合开展的互动。与会者建立自己的关系网并组建团队，借此扩展自己的知识、实践，实现自身的价值。因此，你可以通过举办知识博览会了解你的组织掌握和理解了哪些知识，又分享了多少知识。知识博览会本身就像“摊位”和店面一样，但不具备店面的那种开放和吸引人的特质。大多数展会仍然是“鼓励”知识用户分享知识，尚无法实现网络式的知识流动。

你也可以在举办知识博览会的同时组织知识咖啡馆。或许这就是你的知识市政厅会议，可以用来讲述和展示你的智力资本，介绍你的组织知识、知识和信息储存在何处、最佳实践，建立知识团队、实践社区、导师和受训者，点燃企业知识管理的火花。

知识咖啡馆既是一种实际或虚拟的空间，也是一种思维模式。

知识咖啡馆就像实践社区、继任计划、领导力发展水平、经验教训、数据和信息管理及指导等一样，也是一种用于知识交流的工具或方法。你可以在知识咖啡馆里开始讨论某些技术中的任何一种。此外，说到知识管理的方法和工具，我将在第 10 章探讨知识咖啡馆和其他知识管理技术的接口。它既有虚拟的接口，也有现实的接口。由此，你便能就知识管理、业务、风险、关系、家庭、改进、最佳实践、新想法、创新等所有你能想到的问题进行学习、分享和交流。我将在第 4 章中探讨如何去构建知识博览会和咖啡馆。

知识与经验之间的联系

知识和经验之间有着密不可分的联系。知识是通过经验或教育获得的信息和技能，经验是通过一段时间的实践活动而获得的知识或技能。知识作为项目和知识经济中最重要的货币，经常会与数据和信息混淆。我认为，经验才是关键！

- 知识一直在超越信息。
- 虽然大多数知识是可信的、真实的和可靠的，但并非所有的知识都是真实可靠的。知识是一个人所知道的事实，但一个人知道或相信的东西并不都是真实的。
- 准确和全面的数据被组织成为信息，当信息被解释成为知识时，毋庸置疑其会成为做出可靠决策的基础。
- 知识是我们通过经验、联系或教育获得的相关的且可操作的事实、信息和技能，包括对我们如何、何时以及为什么做事的理论或实践的理解。

什么是世界咖啡馆，它与知识咖啡馆又有什么关系？

> 仅仅告诉人们一些新的见解是不够的。相反，你必须让人们以一种能唤起它的力量和可能性的方式来体验这些新的见解。与其将知识灌输到人们的头脑中，不如帮助他们配一副新的眼镜，让他们用全新的方式去看待世界。
>
> ——约翰·西利·布朗（John Seeley Brown）

世界咖啡馆与知识咖啡馆的概念类似，当你搜索“知识咖啡馆”时，或许还能看到“世界咖啡馆”的检索结果。我非常认同这个概念，尽管这两个概念有相似之处，但又不完全相同。世界咖啡馆利用七条设计原则和一种简单的方法“让人们参与重要的对话，有效地解决了当今世界快节奏的信息碎片化和缺乏联系的现实问题。在理解了对话是推动个人、商业和组织生活的核心过程的基础上，世界咖啡馆不仅仅是一种方法、一种过程或技术，更是一种源自对话式领导哲学的思考和存在方式”。世界咖啡馆是一个更加“结构化的分享知识的对话过程”。一群人分别坐在几张桌子周围后讨论一个主题，每个人定期更换座位，并由主持人介绍他们先前讨论的内容。

我提倡的知识咖啡馆是一种用于知识管理的方法、心态和空间。在与会者一致同意的地点和时间围绕基本规则和对话契约，让知识工作者理解他们所知道的知识，发现自己“恍然大悟”的时刻。

知识和智慧都依托于情境而存在。知识咖啡馆也与情境有关。知识咖啡馆与世界咖啡馆的不同之处在于它既可以是结构化的也可以是非结构化的，其目的是进行知识交流、转移和使人振奋。知识咖啡馆针对的是某个具体的项目，你可以出于各种原因和目的利用咖啡馆来交流想法和再生知识。所以，你可以开一家咖啡馆来回答与家庭、友谊或业务有关的问题。

知识咖啡馆也是一种管理组织知识的系统性的方法。因为当你通过获取、共享、传播或交换知识来管理知识时，实际上就已经实现了管理知识的目的。知识管理是通过识别、理解和使用知识来实现组织的目标和创新的。它使一个群体了解到自己所掌握的集体知识，又能激发集体智慧，促进小组成员之间相互学习。概念上的知识咖啡馆创建了一个可以更深入地了解主题、问题和知识管理的最佳实践的生态系统。协作是创造新知识的工具，知识咖啡馆则是促成因素。

咖啡馆模式可以用于我在本书中介绍过的所有场景和所有阶段。与传统的令人生畏的餐厅知识管理模式相比，知识咖啡馆更便于我在家中使用这种方法，与我的董事会成员、办公室的团队成员或企业高管一起来探索新知识和解决方案。我利用咖啡馆的模式让知识创作者和用户可以参与对任何问题或主题的探索。如前所述，我们所做的是管理能够让知识繁荣发展的环境。

为什么要管理环境？因为管理是一个产业经济概念，是一个能够促进和投资知识经济概念。

科里逊（Collison）和帕塞尔（Parcel）在2005年阐明了管理知识的复杂性以及营造一个确保知识工作者能够获取、理解、存储、共享和激发知识的有利环境的重要性。在知识型社会中工作，应该像进入咖啡馆的任何一个角落一样自然，人们可以快速扫描房间，找到放置咖啡和电脑的最佳位置。知识咖啡馆是分享经验和建立增量知识的理想空间。每天的站立会议或强制的状态会议也能够产生知识咖啡馆一样的效果，虽然这些以项目为中心的工具和方法也同样重要，但它们和知识咖啡馆不属于同一类别。

2.2
如何在知识咖啡馆交流？对主持人有哪些基本要求？

“尖端印象”购物网站的创始人理查德·塔尔海默（Richard Thalheimer）曾断言：“看起来不了解情况总好过真的不了解情况。忘掉自我，不断提问。”在知识咖啡馆的环境中，我会首先想到的两件事是提出问题以及自由地将自己的想法与他人的想法联系起来。但它可能会发展成没有基本规则的其他类型的会议。

咖啡馆的基本规则

基本规则规定了它的明确性和参与的规则。它设定了对话的期望，所以不会出现意外的惊喜。如果没有基本规则，那么每个人都会创造自己的规则，因为大自然憎恶真空。你是想玩没有规则的游戏，还是一边行动一边制定规则？我希望不是前者，因为这足以激发人们的辩论，无法促成对话，也会使人产生恐惧、不安全感。人都不喜欢处于易于遭受攻击的境地，除非他们想要保护所有人。

彼得·德鲁克（Peter Drucker）曾经说过："作为顾问，我最大的优势就是保持无知，只提出几个问题。"知识咖啡馆的核心就是提出问题，利用基本规则来创造理解答案的环境。基本规则规定了一套指导方针，帮助引导人们开展有意义的对话和讨论，举行具有启发性的会议或可以更好地促进交流的研讨会。基本规则都是自治的规则（自我管理），咖啡馆中的每个人都与讨论或对话利害相关。在形成基本规则之前，我不会发表任何意见。

研究对话型领导力的古尔滕和克里尔曼研究集团的大卫·克里尔曼（David Creelman）提出了对话契约的概念，我认为这是克服所有困难和进行有意义的对话的底线。他们将对话契约定义为"两个或多个人在对话时遵守的一套规则，这些规则帮助知识工作者和项目团队和谐地工作，为看似不可能的对话创造一个心理上更安全的空间"。我结合了古尔滕的咖啡馆基本规则和自己行为处世的基本规则，制定出了以下 14 条基本规则。

基本规则：

1. 促进对话，不引起辩论或争论。

2. 建立对话契约。

3. 说出你的“疯狂想法”，并让其他人测试你的想法。

4. 安全失败。

5. 对话应由基于主题和目的的有力问题驱动。

6. 鼓励开放和创造性的对话。

7. 保持对话的流畅。

8. 每个人都有发言权——每个人都应参与对话的过程。

9. 重视观点的多样性——找出不同的选项、可能性、利弊。

10. 利用小组对话的形式来吸引更多人的参与。

11. 加深对问题的理解。

12. 鼓励活跃的氛围。

13. 发展和提升对特定业务问题的思考。

14. 消除恐惧。

我将在第 4 章中详细介绍以上这些基本规则，并介绍为什么要营造知识咖啡馆环境以及它能够带来哪些益处。知识咖啡馆是如何运作的？导师能起到什么作用？任何人都可以为知识咖啡馆提供服务，但出于企业知识管理的目的，我建议知识咖啡馆的主持人应具备以下素质。

知识咖啡馆主持人的素质

1. 知识咖啡馆必须有一位对分享知识充满热情和激情的主持人。

2. 知识咖啡馆主持人最重要的特质是，分享的内容与他无关。

3. 主持人要善于鼓励他人对话和进行对话，不与他人争辩，尊重他人的意见。

4. 主持人要确保自己能得到促进者或者利益相关者的支持，营造对话环境，组织知识咖啡馆。

5. 如果主持人是项目经理或者具有项目经理的特质，知识咖啡馆或许会更成功，当然这并非因为我本身是一位项目经理。这并不是必要的要求，一个能够获得管理层和普通员工支持的领导者也可以促进咖啡馆取得成功。

6. 主持人是能够在所有知识转移工具和技术方面都有经验的人，这些经验包括但不限于：信息和图书馆学、分类创建、内容和文档管理、知识门户和商业智能交付系统的开发和维护、外部展览、业务流程升级、培训、数据管理和知识架构。

7. 主持人要有能力将知识领域与数据、图书馆和信息管理、通信、学习和发展、劳动力规划、组织发展、人力资源和战略等领域的专业知识进行结合。但主持人最重要的素质是开放的思想、共同的兴趣、共同的价值观、互惠、学习的好奇心等。

8. 主持人也可以是战略家、说服者、衡量者、共识建立者、知识分享者和学习者，并具备组织能力和变革管理的技能。

知识咖啡馆既可以是一种非正式和不严肃的活动，也可以算是一种严肃的知识分享活动。曾经有企业高管和高级领导人参加过我的知识咖啡馆活动。你是否有热情、技能和动力推动知识咖啡馆的发展？如果他人不会在你组织的会议或头脑风暴会议中犯困，就证明你有能力组织一次知识咖啡馆活动。通过召开知识咖啡馆会议，为项目团队的知识注入新的力量。你在与自己的团队讨论这个问题时，会惊讶于自己竟然想出了这样的观点。我们将在 4.3 节中讨论知识咖啡馆的框架和分步方法。

根据我众多的参与知识管理头脑风暴和知识分享会的经验，

有一些实用、可靠的方法可以推动知识咖啡馆的发展，并鼓励知识用户和知识创造者积极参与。只要你组织了知识咖啡馆，利益相关者就会到访！请参阅第 2.3 节和 2.6 节了解经营知识咖啡馆的实际步骤。以下关于在知识咖啡馆中分享知识的建议可能看起来像温格（Wenger）和莱夫（Lave）提出的 10 种建立和发展实践社区的方法，但二者并不相同。在后续的章节中，我们将重点讨论实践团体该如何利用知识咖啡馆。比如，实践团体可以利用知识咖啡馆的空间和思维方式进行对话、学习和分享知识与想法。

在知识咖啡馆中分享知识的几点建议

- 首先，让知识咖啡馆成为交流疯狂想法和相关知识的安全空间。
- 创建并商定一个简单的知识管理框架和方法，涵盖知识的“参与规则”与“文档和记录方式”。
- 通过规定举办知识咖啡馆流程的时间、地点来鼓励人们分享知识。
- 定期组织午餐学习会，从而提高组织成员的知识管理意识并维持工作场所中的知识。
- 邀请其他部门、地区的利益相关者收听电话和会议。
- 告知所有利益相关者知识政策的变化和头脑风暴会议中提到的机会。
- 积极与专业的同事进行接触和合作。
- 尝试进行跨部门的培训。
- 在与同事交流知识后形成文件记录。

- 筹备企业社交活动，举办国际演讲会、有组织赞助的午餐、户外团建，以及利用工作时间开展促进组织成员之间互动的活动。
- 帮助组织成员找到来知识咖啡馆的个人和职业动机。

让组织的领导层也参与其中，并确保关键管理人员形成了知识咖啡馆式的思维方式。让领导层帮助你促进部门、组织、区域间的沟通，并在整个企业中推进知识分享。建立知识领导咖啡馆框架。这是一个介于知识管理程序的简单性和形式化之间的中间地带。我将在第 11 章中对此做出详细的论述。

在第 10 章中，你会发现知识咖啡馆是一个实践环境。在一个项目中，项目经理负责整个知识咖啡馆项目的成功。然而，知识咖啡馆里的每个人都有责任并负责提出想法，从而提升知识咖啡馆交付成果的速度。

项目经理在知识咖啡馆中的角色

在知识咖啡馆的环境中，如果知识转移是组织战略的一部分，那么项目经理应该发挥他的作用并建议行使以下职责：

- 获得赞助并设定期待。
- 正式采用知识咖啡馆 2.0 框架（领导力咖啡馆）。
- 促进章程的制定，例如目标、计划、提案、商业案例、成功标准。
- 确定拥护者和利益相关者。
- 制订知识咖啡馆项目计划。
- 根据计划管理可交付的成果。

- 组建、确定和加入规划团队。
- 领导和管理项目团队。
- 分解工作，确定参与者和成员的职责。
- 采用多种能够获得成功的方法，但不要拘泥于某一种方法。
- 与团队一起制定知识咖啡馆项目的时间表和议程。
- 确定哪些内容将满足组织的既定目标。
- 通过向所有利益相关者（包括高层管理人员）提供补充资料来进行管理沟通。

2.3 为什么知识咖啡馆不只是另一种形式的会议?

你可能会问，“知识咖啡馆不就是另一种形式的会议吗？比如，头脑风暴会议、网络会议、快闪会议、聚会、每日例会或站立会议”。我不这么认为。为了解决这种困惑，一个组织必须建立和支持一个生态系统，在这个生态系统中，组织的所有利益相关者都被邀请毫无保留地分享他们的经验、技能和智慧。坦白地说，我讨厌无聊的会议，但不幸的是，我 90% 以上的工作时间都花在了交流上——其中很大一部分时间都是在开会。我甚至还需要通过开会来计划其他的会议！但许多会议其实根本没有必要召开，简直是在浪费时间，特别是有些主持会议的经理或主持人非常糟糕。如果你能用知识咖啡馆代替无聊的会议，我会很乐意参加会议！

知识咖啡馆不仅仅是另一种会议或聚会，更是为了碰撞出新的知识。如前所述，知识咖啡馆是一个交流、分享、转移和更新知识的协作空间。它具有其他类型会议的一些属性，但如表 2-1 中

表 2-1 知识咖啡馆与其他交流聚会的效果对比

	知识咖啡馆	知识博览会	传统的会议、研讨会	交流会	站立会、每日例会
目的	知识交流、理解、经历恍然大悟的时刻、激活知识	展示知识管理的实践	规定议程	寻找和建立社区	同步活动和计划
基本规则	无	无	视情况而定	无	视情况而定
小团体	无	无	视情况而定	有	有
知识管理方法	有。适用于任何会议类型的方法	有。知识管理技术，借此强调知识管理最佳实践	无	无	无
观众	知识工作者、利益相关者、任何人	知识工作者、任何人	任何人	利益相关的团队	项目组
与他人关系	可在多个场合中使用	可在知识展示的场合中使用	可在多个场合中使用	仅适用于交流会	仅适用于项目目的
结构	问题驱动，很少或没有展示、建立关系网	展示知识管理最佳实践、咖啡馆附加组件	展示、讨论	展示、讨论、建立关系网	简短的站立会议

续表

	知识咖啡馆	知识博览会	传统的会议、研讨会	交流会	站立会、每日例会
形式	面对面或虚拟	面对面	面对面或虚拟	面对面或虚拟	面对面或虚拟
引导者、主持人	引导者	引导者	视具体会议而定	主持人	开发团队
地点、时间由谁决定	一致同意	组织者	组织者	组织者	组织者
特征	可以是结构化的、非结构化的、开放式的	展示	需要明确的议程才能有效	主要是为了建立关系网而设计	任务板
兴奋水平	高	中	视情况而定，低	视情况而定，高	低

的比较所示，它不是一种典型的会议或研讨会。会议通常是一种单向的知识交流，但知识咖啡馆是一种双向的交流。

知识咖啡馆有多种用途：可以用来交流想法和唤醒知识，探索出项目和计划的解决方案，使组织成员加强联系并相互了解，摆脱家里或办公室里的噪声或过于安静，分享最佳实践，使每个人拥有相同的知识基础，识别知识资产，创造新知识，解决难以讨论的问题等。例如，美国国家航空航天局在 2004 年为了重返月球的新计划和项目组合，成立了探索系统任务执行委员会。该委员会利用一系列知识咖啡馆的方法来识别风险问题以及了解如何降低这些风险。以下是他们于 2010 年 5 月在知识咖啡馆中得到的一些收获：知识映射技术、知识框架、获取方法、转移方法、基于知识的产品、安全和记录管理的角色、组织和规划问题，以及风险管理集成。

六种会议类型

“会议筛选”软件公司确定了六种常见的会议类型，知识咖啡馆的形式可用于以下任何一种类型的会议。

1. 状态更新会。
2. 信息共享会。
3. 决策会。
4. 问题解决会。
5. 创新会议。
6. 团队建设会。

接下来，我们将对比一些类型的交流聚会。当你想到知识咖啡馆时，就会想到同伴教学与传统讲授相结合的方式。提出问题、给出答案、对话和交谈是知识咖啡馆中最常用的交流方式。

同伴教学与知识咖啡馆

同伴教学是埃里克·马祖尔（Eric Mazur）在1997年推广的一种基于证据的交互式教学方法，这种教学法体现了知识咖啡馆模式的一些精髓。许多像马祖尔这样的学者都同意，同伴教学区别于教师在课堂上的教学或会议及研讨会上的演讲。同伴教学是指学生或知识咖啡馆的参与者主动分享他们的想法。参与者无须通过聆听来进行学习，而是通过实践和交谈来进行学习。

同伴教学

同伴教学法与知识咖啡馆模式对比：

- 教师会根据学生对课前阅读的反应提出问题；在知识咖啡馆中，主持人应提出能够引发知识对话的问题。
- 学生就像在知识咖啡馆里一样思考问题。
- 学生给出自己的答案；在知识咖啡馆里，每个人都有发言权。
- 教师检查学生的回答；在知识咖啡馆里，每个人都能从回答中学到一些东西。
- 学生与同龄人讨论他们的想法和答案；在知识咖啡馆里，每个人都与其他的参加者讨论他们的想法和解决方案或答案。
- 学生再次给出自己的答案；在知识咖啡馆里，每个人不仅仅要给出个性化的答案，还需要收获新知识。

- 在讨论下一个概念之前，教师会再次检查学生的回答并决定是否需要做出更多的解释；知识咖啡馆的主持人转到另一个问题、总结或让大家公开发表意见。

2.4
知识工作者到访知识咖啡馆的原因

我们偶然会发现一些全天候开放的咖啡馆。所以，如果凌晨 3 点有人想分享一个想法，那么他们就可以去这类咖啡馆。

多亏有虚拟咖啡馆的存在。欢迎来到知识咖啡馆！是什么让知识创造者和分享者来到知识咖啡馆？当然是好奇心。你必须有足够的好奇心才能激发别人的好奇心。如果知识必须被共享和转移，那么你切不可粗略地了解知识咖啡馆的概念。坐下来，仔细体会这间咖啡馆是否适合你所在的组织环境。

拉法基知识管理集团的董事让 – 卢克·皮卡德（Jean-Luc Picard）在 2015 年《知识管理世界》（*KM World*）杂志举办的会议上指出，我们面临着两个重大的知识管理挑战。第一，证明高层管理者迫切需要组建知识管理平台。“我们必须让所有高层管理人员相信，知识管理平台对每个公司都至关重要。我们必须找到所有的话题和解决方案，说服他们拿出资金，授权我们部署这类平台。”第二，说服普通员工分享知识。“当我说分享时，是指给予和接收知识的双方。”

管理层决定了一个组织中知识文化的基调，而知识领导力咖啡馆决定了咖啡馆的基调，并决定了知识用户和创造者是否会被邀请到咖啡馆。这完全取决于经理和组织，以及经理的级别。组织层面的强烈个性可以压倒支持组织的文化。

知识领导力咖啡馆是一个以灵活敏捷的思维模式制定出的知识管理系统框架。我将在第 11 章中讨论知识领导力咖啡馆的相关内容，涉及项目经理、档案管理员、历史学家、培训师、知识管理人员、公共信息官员、数据科学家和图书管理员等不同领域的人员。事实上，每个使用和创造知识的人都可以被邀请到知识领导力咖啡馆。

美国项目管理协会的研究表明，95% 能够有效推动知识转移的组织都确定了组织中最终负责知识转移的专人，而在知识转移方面表现不佳的组织中，只有 54% 的组织确定了相关的负责人。在你的组织中，谁负责知识管理？知识交流的集结点在哪里？这就需要我们了解知识在组织中的流动机制。一旦我们搞清楚了这一点，就可以利用这些信息来鼓励组织成员持续地或自发地组建知识咖啡馆。在像世界银行这样的机构中，当组织中有新的副总裁到任时，会先安排他了解工作流程图。为了发挥知识咖啡馆的作用，你需要知道你所在的组织中知识的流动机制。

那么，知识工作者为何会到访知识咖啡馆？澳大利亚一项针对多家个人咖啡馆的调查给了我们一定的启发，受访者需要给出他们最喜欢某家咖啡馆的原因。如果你能认可这个比喻，接下来我们将把人们在知识咖啡馆中的体验与其在真实咖啡馆中的体验进行比较，逐项进行各方面的对比。

咖啡的浓度和口味

你喜欢喝烘焙到什么程度的咖啡：浅烘、中烘、深烘？哪种口味的咖啡能够使你恢复活力？就知识咖啡馆而言，你需要了解哪种品味或者员工脑海中的关键任务知识能够吸引咖啡爱好者的到访。知识咖啡馆的发起人必须有意愿用自己的组织能力、领导能力、引导能力赋予咖啡馆品位和深度。如果你的咖啡馆不够令人兴奋、不够有吸引力，那么就不会有人再次光临。

咖啡馆的品质

如果我们试图营造一个分享知识的环境，首要考虑咖啡馆的相关性和品质。客户对质量的要求决定了我们的产品质量。你知道自己的咖啡馆里顾客购买最多的饮品是什么吗？如果客户不想要或不需要这类产品，那么再添加什么花哨的东西客户都不会购买。首先我们要列出咖啡馆的产品列表，这或许会大有裨益，甚至会有点像 Yelp① 网站上的评论。当我们选择去哪家知识咖啡馆时，会关注哪些要素？有很多人会注重交流的质量。知识咖啡馆的产品可以是新的知识、重新学习的知识或未学习的知识，以及其他的知识输出或信息输出。

位置

战略位置对咖啡馆的成功非常重要。你是否知道你的组织的关键任务知识存储在哪里？谁最了解这些知识？不是所有的知识

① 美国的大众点评网站。——译者注

都是关键知识，所以确定最重要的知识及其存储位置至关重要。你的知识缺口是什么？这些知识的质量如何？谁知道关键任务知识储存在哪里吗？此外，要确保知识咖啡馆的战略目标与组织的战略一致，战略位置决定了知识咖啡馆的成败。

愉快的氛围

感觉是最基本的要素，所以第一印象很重要。我们所看到和感受到的印象决定了客户或咖啡爱好者是否会再次光临。如果你的组织认为知识是宝贵的资产，那就创造一个让人们愿意参与和再次光临的环境。所以，组织需要把知识管理放在战略优先的位置上。

快速服务

知识咖啡馆必须具有智能、高效和令人兴奋的属性。知识咖啡馆并不是典型的培训、会议或研讨会，也不是一种走马观花的学习体验，而是需要人们在咖啡馆里倾听和思考。咖啡馆无须与传统的餐馆竞争，你也无须吃完一顿完整的晚餐。知识咖啡馆应该提供的是快速而有趣的服务！因为没有先入之见，所以到访知识咖啡馆的人一定不会被淹没在伟大的想法和新的项目之中。切记，知识管理就像吃大象一样——一次只能吃一口。

价格

价格永远是王道。如果一个产品或想法很好，但价格不合理，也不会有人为此买单。价格必须与产品所提供的价值相匹配。客户和产品拥有者是影响价格的重要因素。通常有两种不同的投资方式和两种不同的参与理由，不能孤立地考虑消费者的价格期望和投资者的成本。如果一个组织将其知识资产视为一种竞争优势、一种创新工具，那么就必须投入资金来管理这些知识，就像任何其他组织的战略计划一样。我为我的执行发起人开发了一个强有力的商业案例，看看有多少有形和无形的利益，并进行成本效益分析。

员工、咖啡师的态度

“员工”在咖啡馆中扮演了什么角色？通常，他们不会参与知识交流，只是供应咖啡和茶，并提供适当的娱乐和交流环境，提供了一种刺激。知识咖啡馆中的刺激又是什么呢？比如咖啡馆中的主持人，他们可以创造一个友善的氛围、提出正确的问题、提供服务、增添乐趣。咖啡馆里员工的态度、能力和友好程度很重要。一个项目或计划若想取得成功，员工必须参与其中。知识咖啡馆的主持人的水平也有助于项目计划的成功。人际关系是咖啡馆的核心，强有力的管理层支持和重要利益相关者的支持是成功的关键。如果没有这两方的支持，就无须在企业知识管理项目上浪费时间和精力。

咖啡的品牌

走进星巴克就能买到一杯好咖啡，如果店里面没有坐着一群有趣的人，我会选择打包带走。如果你想要独处和安静，咖啡馆并非一个好的去处。咖啡馆里可能会有一个你喜欢或钟爱的咖啡品牌。就像你喜欢的咖啡品牌一样，如果你想让知识管理或知识咖啡馆成为公司的一个项目，也要将其打造成一个大家都认可的品牌。人们会因为咖啡馆的品牌力量而进入咖啡馆，所以，你必须推销自己的咖啡馆。我的组织在打造知识管理的品牌时，我会告诉组织中的知识爱好者和实践者，我们正在建立知识文化，并且乐在其中。知识管理项目的品牌推广必须与组织的文化和环境相适应。一个组织中行得通的方法不一定适用于另一个组织。所以，你要审慎地选择好自己的品牌，并将知识管理计划与组织的战略和品牌相结合。再次重申，一定要将知识管理计划与组织的战略和品牌相结合。此外，知识管理计划也应该与客户的期望、产品类型、组织结构、战略优势和环境趋势保持一致。

合乎伦理

我们去知识咖啡馆是为了接收和分享知识。咖啡爱好者选择“留下或参与”时，取决于其他的咖啡爱好者是否与他有相似的价值观和信仰。这就好像是一份君子协定。你的品牌和组织提供的产品是否符合道德和诚信？从我所参与的组织中我学到了很多观点和经验教训，我很感激。这些组织包括项目管理协会、美国国家科学院、工程学院、医学运输研究委员会、信息和知识管理委员会、美国国家公路与运输协会标准知识管理委员会、华盛顿州交通部、弗吉尼亚运输部、得克萨斯州交通部的咖啡馆战略团队，以及我参与创立的奥斯汀市和得克萨斯州中部的知识管理社区。在这些组织中我总是少说多做。我是否提到过过度交付？也就是说，不要超出项目的范围超额交付。所谓的镀金就是增加超出需求范围的功能，但这不仅不符合道德标准，也违背了项目管理行为准则的要求。所以，组织要规定一个明确的范围说明或工作说明和适当的范围管理计划。此外，还要制订一套变更管理计划，它可以帮助你管理变化的过程，并确保满足范围、预算、进度、沟通和资源方面的控制和要求。

本地烘焙的咖啡

请注意，最有效的知识咖啡馆和知识管理项目是适应当地环境和组织文化的项目。不要机械地复制其他组织的知识咖啡馆模式或知识管理方式。因地制宜地开展自己的知识咖啡馆或知识管理项目，制定自己的程序。

2.5 案例研究：开放、脆弱、渴望分享——汤娅·霍夫曼

2018 年，我有机会在几个会议和讲习班上发言，包括项目管理研究所举办的地方的、区域性的和国际性的会议。我已经讲了很长一段时间，因为要与我认可的行业专家分享我的知识，我感到这是一项挑战，但同时也可以扩展我的知识。2018 年，我在得克萨斯州举办的女性高管大会上发表了题为“管理糟糕的项目和利益相关者”的演讲。在这次会议上，有人向我介绍了汤娅·霍夫曼（Tonya Hofmann）和她的丈夫。汤娅是公共演讲家协会和

Wowdible手机应用程序的首席执行官、创始人，也是一位咖啡爱好者、演讲者。2018年8月，我们共同创办了知识咖啡馆。在这个咖啡馆里，我想要得到汤娅的帮助，因为我认为她可以称得上是一位演讲专家。她问我："本杰明，我能帮你什么？"我虽然深知我是那个需要获取更多知识的人，只是我用了不同的方法来达到这一目的。我说："嘿，汤娅，我可以请你吃午饭吗？（我为知识转移请她吃午饭。）顺便说一句，我是美国项目管理协会奥斯汀市分会的会长，并且我负责招募演讲者宣传社区重点关注的问题。所以，我想知道我能怎么帮助你，也借此向你学习。"

我表现出真诚地想要帮助她的意愿。在2018年10月的社区焦点活动中，我们大获成功，她最终也成了小组成员之一。其余的都已成为历史，因为我从她那里学到了很多，我们在几次咖啡馆的场景和聚会中分享了知识。美国项目管理协会奥斯汀市分会的社区焦点活动呈现出了咖啡馆式的互动特征，吸引参与者的人数超过了历次的月度晚餐活动。参与者们分享并交流知识，收获良多，客户满意度达到97%。参加此次知识咖啡馆活动的人证明了咖啡馆式的知识交流对于专业人士来说比其他类型的学习和发展活动更可取、更有价值。以下是汤娅的故事：

我曾遇到过很多专业人士，他们认为自己的知识应该专属于他们自己。如果他们把自己知道的东西教给别人，可能会从某种程度上减少他们的知识或潜在的收入。但是顶尖的演讲者和培训者并不是因为保守知识的秘密他们才获得了如今的成功。在知识经济中，知识应该自由流动，应该被珍惜、管

> 理和交换。他们明白，传递知识就是在培养他人，进而提升自己。简单地说，富人和穷人的区别在于，穷人害怕失去，不相信能够从分享中获得收益。

对失去的恐惧让许多人无法真正成长。其实我们都是从别人那里获得知识的。每个人都有不同的看待事物的方式，但认为知识只属于自己则完全是一种自私的想法。相反，那些走出去并向世界呼喊的人才是真正的赢家。那些毫不犹豫地分享知识的人，以及清楚地知道分享知识是如何造福他人的人，将在知识转移领域中创造真正的动力。

几年前，我和马特（Matt）（化名）一起工作。他告诉我，他的导师建议他学习自己感兴趣的、独特的东西，但要对学到的知识保密，不要和任何人分享。后来技术和项目知识都发生了变化，马特无法与时俱进。那些囤积知识的人反而变得无足轻重了。马特不得不追赶那些已经领先于他的知识工作者。这个故事告诉我们，那些把一切都留给自己、囤积知识的人会发现，自己的同龄人在成功、社会认可和财富方面都已经远远胜过自己！事实上，有保留地谈论自己知道的事情会阻碍自己进步的道路。

当我遇到新朋友时，我都会问他们知道什么。这时，对方通常有两种反应。第一种是公开介绍他们知道的事情、我应该知道什么、他们可以如何帮助我，以及应该避免什么。我会立刻觉得这是一个我可以与之做生意或长期保持联系的人；第二种人则会保持谨慎，可能会因为他们掌握的一些信息而立即向我索要一定的费用，甚至可能会要求在我们落座交谈之前签署一份保密协议！我没有时间和这种人交往，也不想和他们建立关系，甚至会下意识地觉得他们很恐怖。让我们反观自己，谁愿意和一个总是让你觉得你想偷他们东西或伤害他们的人做生意或交朋友？或者，简单地说，谁愿意被认为自己是不值得信任的人？这也就是为什么销售人员说，不仅要让客户喜欢你，还要让他们信任你。这是一个企业获得成功的先决条件。我一次又一次地发现，那些行动迅速、赚钱最多、建立了长期关系的人，往往是那些开放、脆弱、渴望分享的人。我喜欢拥抱和握手，而不是与那些死守底线的人交往。渴望分享的人甚至在我觉得他们想要回报之前就已经主动伸出了手。这就是我生活和创业的方式，我相信我在金钱和友谊这两方面都已经变得更加富有了！

人们通过多种方式“来到”知识咖啡馆——带领人们来到知识咖啡馆只是其中的一种策略

正如上述的案例研究所显示的那样，如果你要创建一个知识转移社区或吸引人们来到知识咖啡馆，就必须营造一个充满信任和互惠的氛围。思想贫瘠的人或环境阻碍了知识的转移和振兴。汤娅说：“害怕失去的心态让很多人无法真正地成长。”有些人如果无法确保自己能够得到回报，就不愿意去分享。我们需要打破这种心态。一个内心贫穷的人甚至会开着兰博基尼去排队领取免费的汉堡，连送你一程都要向你索要油费。知识领导力和富足的心态是成功的必要条件。汤娅的案例研究表明，“那些把一切都藏在自己心里、囤积知识的人，最终会见证别人在成功、社会认可和财富方面远远胜过自己”！知识咖啡馆不仅是给予和分享自己丰富知识的渠道，也是指导知识领导者的渠道。分享的人永远不会贫穷。如果你是经验的使用者，那么一定也会是知识的创造者，在知识被囤积的时候，你也会感到困扰。

传递知识——不为赢利，只为表明自己的观点

在知识经济中，人们对利润也有不同的解释。利润即更多的知识、更有价值的知识和更多的业务价值。在 21 世纪，利润不只是一个金钱概念，但许多知识创造者和用户的问题是，他们只想要赚钱，并不想要有所作为。伯瑞特凯勒出版社最近召开了一个名为“人本经济”的全球会议，几位信奉以人为本和社会责任的组织领导者都进行了公开发声。在人类历史上，从来没有一个时期，这么多组织都在大声疾呼要现实地做出改变——呼唤大众分享、表明自己的观点，而不是要榨取利润。但也不要曲解我的意思，我知道公司需要赢利。它们的使命是发展成优秀的组织，反过来，它们也能因此创造利润。但我们也需要明白：改变生活，影响生活，完成公司的使命，自然也能赚取利润。

那次会议之后，我通过领英网联系到了肖恩·道尔（Shawn Doyle），那时他已经出版了 24 本畅销书。我问他要花多少钱才能学习他的智慧，他办公室的工作人员让我们通过电话进行了交谈，我们聊了 40 分钟，他分文未取。其他像他这样身份地位的人可能很快就会按分钟来向聆听他的分享的听众收费。这个例子也恰恰说明了我们要向关系资本进行投资。

我询问我的执行编辑，如果我通过发表文章和在社交媒体上发文分享了我书中的部分内容，是否违反了我们签订的合同。她说：“本杰明，那些分享知识的人才能成为最成功的作家。”是啊！

教育别人的同时，自己也能收获成长。当你教别人的时候，自己也会为此做好准备。我想指导一百万个领导者，在这个过程中，我其实也在帮助自己。

你的知识属于全世界，不仅仅属于你自己。

2.6 练习咖啡馆：想法、技巧和方法

在当今这个多代人同处职场和劳动力老龄化的时代，知识和知识管理已经成为组织关键的战略资源。信息孤岛会影响沟通、生产力和增长，所以打破团队、系统和知识共享中的信息孤岛，才能提高组织的效率和弹性。

关于为什么要举办知识咖啡馆活动，以下是我的想法：

- 我们需要面对面或全员参与的知识管理。
- 小团队让每个人都有发言权；人们在小团体中才能积极行动。
- 对话能激发新的知识。
- 知识咖啡馆是确定知识、知识共享的促成因素、工具、方法和最佳实践。
- 知识咖啡馆是组织进行管理知识的途径。
- 当我们停止学习，意味着我们开始逐步迈向死亡。

根据《哈佛商业评论》(*Harvard Business Review*)的说法，在很大程度上，我们之所以获得现在的工作是因为我们的学习能力而非现有的资历。埃里克·施密特(Eric Schmidt)在《纽约时报》(*The New York Times*)上撰文指出，谷歌招聘策略中最大的考量因素就是聘用“会学习的动物”。

- 知识咖啡馆是一个可以辨别不同的方法和最佳实践、远离家庭和办公室的干扰、分享知识的空间。
- 新知识诞生。当你在知识咖啡馆里进行交流和传播想法时，就会产生新的知识，继而产生新的创新。
- 没有人“谈论”知识工作者，但每个人都在分享自己的经验、技能和知识。如果有一位“经理”参与其中，那么交流的基本规则需要注明每个人都有平等发言的权利。
- 恢复活力。人们在知识咖啡馆中能够激发自己的好奇心。
- 敏捷。与其他类似的概念不同，知识咖啡馆既可以是非结构化的，也可以是结构化的。每个人的观点都很重要。
- 智慧。知识的最终目的是增加智慧，即运用知识，全面提高我们的认知，这也是高级理解的最高境界。智慧之师迈克·默多克（Mike Murdock）博士曾说过，知识是你所知道的东西，而智慧是你所做的事情。所以，我们必须运用知识来获得智慧。通过对话打破信息孤岛，在知识咖啡馆的对话中分享知识。

组建知识咖啡馆所需的条件

如果想要更广泛地推广组织的知识管理战略，我建议知识咖啡馆具备以下条件：

- 有一个对知识管理有热情的熟练的促进者，能够主持“咖啡馆”的日常工作并与他人合作。
- 确保包括执行发起人在内的利益相关者的政策和管理支持模式：自下而上、由内而外、由外而内的对话。较少出现自上而下的对话，因为这是一种“命令”式的对话。

- 能够明确定位知识咖啡馆中的不同角色。就像真实的咖啡馆中的各种角色一样，既有像工作人员或咖啡师一样的主持人或组织者，也有服务员的存在。
- 邀请领导参与，帮助你发展部门、组织、区域的沟通，并在整个企业内实现知识分享。

第3章

含“咖啡因”的知识：知识管理的定义

本章目标

- 定义知识管理
- 了解知识管理的起源以及相关文献
- 定义知识孤岛并了解如何打破知识孤岛
- 如何开启知识转移

3.1
知识管理的定义

在前两章中，我们已经介绍了知识咖啡馆如何帮助组织走上知识管理的道路。但知识管理的定义究竟是什么？

人们如何定义知识管理？

当我举办知识咖啡馆或知识领导力咖啡馆（仅通过邀请）时，我会要求与会者用一个词或短语来定义知识管理。以下是我收到的一些定义：

- 档案
- 获取、分享和知识
- 合作
- 透明
- 沟通
- 实践社区
- 数据库平台
- 深度传播生长

- 勤奋的组织
- 文档
- 教育保护
- 授权、远见、计划
- 持续成功的关键
- 对保持人员的发展至关重要
- 指导培训
- 重要且必要
- 非正式和无组织
- 信息
- 智能研究验证
- 有益的
- 有趣且有用
- 领导、指导、辅导
- 学习、培养领导力
- 教训
- 利用
- 指导
- 必要的
- 需要的
- 坦诚沟通
- 组织文档领导力
- 权利遗产保留
- 必要的积极力量
- 提高效率的动力
- 强大的
- 保护、保险
- 信息的保留
- 稳定的安全效率
- 分享
- 分享信息的效率
- 分享交流
- 共享资源风险保留
- 有效的分享
- 分享专业的最佳实践
- 分享知识
- 分享、最佳实践、效率
- 分享、关怀、准备
- 分享、协作、培训
- 分享、指导、传承
- 分享、开放、转型
- 分享、进步、有价值
- 分享、有力、默契
- 继任计划
- 成功
- 成功至关重要
- 节省时间
- 培训
- 转移
- 透明的价值分享

- 有价值但缺乏理解
- 价值和深度

正如你从这个列表中看到的一样，知识管理是一个庞大的概念，没有通用的定义。如果用一句话来定义知识管理，那么它就像莉莉安·奎格利（Lillian Quigley）的少儿读物中记录过的一则寓言一样：有四个盲人在参观宫殿时遇到了一头大象，第一个盲人伸出手，摸了摸大象光滑的侧面，断定这是一堵墙。第二个盲人摸了摸大象的鼻子，说这是一条蛇。第三个盲人伸出手，摸了摸大象的长腿，说这是一棵树。又有一位盲人摸了摸大象的细尾巴，断定这是一根绳子。也就是说，每个人都从自己的角度来描述同一头大象。

我已经看到了几十种对知识管理的定义。然而，在商业、认识论、社会科学和心理学中，并没有对知识管理做出统一的或一致的定义。事实上，作家约翰·P. 吉拉德（John P. Girard）教授收集了 100 多条关于知识管理的定义。如果像知识管理这样的概念都有这么多定义，那就说明它根本没有定义。既然许多专业组织都认为知识管理非常重要，于是有人认为应该有一本专门讲知识管理的书。在项目管理协会组织修订《项目管理知识体系指南》（*Project Management Body of Knowledge*）（2017）的过程中，我提出了一个涉及知识管理的案例。有人告诉我，知识管理的概念太宽泛了，这么说也没错。2019 年，我给一家招聘知识管理总监的大公司打了电话，却发现他们实际上想要招的是培训总监，但培训只是知识管理体系中的一小部分。

在进行知识管理的相关研究中，我曾了解到以下一些定义以及我自己所做的一些定义。“知识管理是获取、分享和有效使用知识的过程。”这是汤姆·达文波特（Tom Davenport）在 1994 年提出的观点，一句话对知识管理做出了简洁的定义。

知识是组织人力资本中的“大脑”。根据投资百科[①]（2020）给出的定义，人力资本被归类为员工经验和技能的经济价值，包括教育、培训、智力、技能、健康等资产，以及雇主看重的其他东西，如忠诚度和准时性。人力资本是一种无形的资产，不会被列在公司的资产负债表上。

知识管理是一种通过识别、理解和使用知识来实现组织目标和创新的系统性的方法。

《项目管理知识体系指南》对知识管理的定义如下：“知识管理是一种确保项目团队和其他利益相关者的技能、经验和专业知识在项目之前、期间和之后都能得到使用的方法。”

一个组织建立、维持和利用其员工和合作伙伴的专有技术和经验来交付其项目和服务并管理它们负责的系统的方法。

——国家公路合作研究项目

夏恩·基拉特·拉伊（Shyan Kirat Rai）认为：“知识管理是一门学科，它形成了一种综合的方法来识别、检索、评估和共享企业的隐性和显性知识资产，以此实现目标任务。我们的目标是通过在企业中进行一对多的知识转移，将那些知道知识的人与那些需要知道这些知识（包括原理知识、专业知识、过程知识）的人

① 投资百科是一个由投资者维护的投资知识传播平台。——编者注

联系起来。”

知识管理是关于隐性和显性知识的收集、构建、获取、利用、启发、组织、提炼、编码、分享和转移。它在创造新知识的同时，也让你享受当下的体验！这无可厚非，如果知识交流没有乐趣，就像刚吃饱了饭又去吃美食一样难以下咽。

知识更新速度、科学技术的进步和创新对知识有什么影响？如果从技术的角度看，知识管理则可以定义成是一种系统的方法或解决方案，它集成了各种视频和记录管理系统，从员工的头脑中获取组织的知识，并将数字证据传输到一个中央存储库中进行转录、索引和标记。随后，它将实现易于管理、快速搜索和恢复、个人与个人的交流、安全分享等功能，同时又能满足监管和其他的法律要求。知识咖啡馆是“知识使用”架构设计的一部分。它之所以运行得很好，是因为知识咖啡馆的中心有人际互动。

知识资本是什么？它以什么比率贬值？如果知识是资本，为什么不用资本的方式对待它？在经济学和社会学中，资本货物是用于产生经济价值的实物和非金融投入，包括用于生产商品和服务的原材料、设备、机器和工具。虽然货币被用来购买产品和服务，但资本更耐用，并可以通过投资创造财富。我可以证明，知识是智力资本，其产品是创新实践。

知识资本或智力资本的概念在许多智力资本研究者中已经达成了共识。比尔·拉斐特（Bill LaFayette）、韦恩·柯蒂斯（Wayne Curtis）、丹尼斯·贝德福德（Denise Bedford）和西姆·耶尔（Seem Iyer）等许多知识资本研究者在《知识经济与知识工作》（*Knowledge Economies and Knowledge Work*）一书中对知识资本进行了广泛的讨论。在书中，他们介绍了智力资本和人力资本（人

力资本 / 隐性知识、技能和胜任能力、态度和行为），结构资本（显性知识，即信息、程序知识和组织文化）和关系资本（网络和网络关系，以及声誉知识）。他们认为，人力资本关注的是个体的知识，而结构资本关注的是群体、社区或组织内部的知识。我可以说，当我们清楚地表达和认识到团队中的智力结构，人力和关系资本的接口、交集和相关性时，组织就已经开始进行知识管理了。而知识咖啡馆是这些元素的交汇点，所以也是智力资本。

我们是否可以定义人员、过程、技术和简单性？如果为企业信息、连接和协作找到一条事实来源会怎样？换言之，这是一个简单得像走进咖啡馆喝一杯咖啡一样的流程，它打破了知识孤岛，创造出了新的知识。任何忽视创新的知识管理定义都有悖于它的真正含义，而新知识正是创新的前提和基础。

当今组织面临以下这些最紧迫的挑战：知识识别、获取、习得、组织和交流、分享和保留。

> 知识管理被定义为一种专注于在信息生命周期中通过工具来整合人员和过程的方法，从而使组织成员形成共同的理解，提高组织的绩效并为决策的制定提供支持。
>
> ——美国国防部

所有这些知识管理的定义都包含了知识管理的不同要素，但又都缺少了某些元素。这也就引出了我对知识管理的定义。

知识管理是一种用于识别、获取、分享和交流关键任务的组织知识资产的主动机制和生态系统，包括员工和机器所掌握的知识资产，并在此过程中创造新的知识，获得乐趣。

- 主动的：知识管理是一种主动的、有意为之的组织战略行为。
- 机制：知识管理是传递知识文化的载体。
- 生态系统：生态系统是生物及其生存环境相互作用的社区，是一个复杂的网络或相互连接的系统。
- 识别：知识管理的一部分是知识盘点。它是一个组织所拥有的知识能力清单，用于理解、调查并进行定性和定量分析组织的知识健康状况，即其在知识识别、存储、重用程度和转移能力方面的水平。

一个企业知识管理计划若想获得成功，必须包括以下几个构成要素：

- 知识获取。获取意味着对隐性和显性知识的收集、构建、探究和编码。知识获取是通过知识访谈、上课、事后回顾、吸取教训来实现的；也包括了知识（离职）访谈、讲故事、口述历史、动态在线问答、论坛、受监控的众包平台和维基文稿等形式。
- 知识共享与交流。知识转移、提炼、协作、提升以及智能的检索和发现能力。
- 组织知识资产。组织知识资产是指组织的两种知识库。

一是组织知识库，包括数据库、文件、指南、政策和程序、软件、专利、顾问资料和客户知识库。

二是劳动力知识库，即组织所有智力资本的总和，包括信息、想法、学习能力、理解能力、记忆水平、洞察力水平、认知能力和技术技能。

- 隐性知识。这些知识只存在于员工的头脑中，很难被系统化。它是员工一生中学习和了解的所有的东西，包括技能和能力的总和。
- 知识盘点。知识盘点是对公司内的显性和隐性知识资源进行系统和科学的检查和评价，包括现有知识的内容、存储的地点，以及创造的方法和拥有者。知识盘点就是知道你知道什么、不知道什么、应该知道什么、应该忘记什么，并按优先顺序排列这些知识。

知识盘点全面评估了组织内部和外部（即知识工作者）的知识资源，其中包括组织的系统、过程、项目或产品。这是对关键任务知识资产存储在哪里以及它们如何与组织的关键任务和非关键任务职能进行相互作用。盘点的过程应该发生于概念性的咖啡馆中。

明确何时需要知识盘点

卡尔·维格（Karl Wiig）认为可以通过以下方法确定何时需要进行知识盘点：

- 信息过剩或匮乏。
- 对公司其他部门的信息缺乏了解。
- 无法及时了解相关信息。
- 严重的时间浪费。
- 组织每天都在利用过时的信息。
- 不知道如何获取某一特定领域的专业知识。

知识管理的盘点在于识别并获取个人的智力资本、组织的知识（特别是来之不易的专业知识），以及影响组织知识分享、重用、创造和更新的外部知识。

阿齐祖拉·贾法利（Azizollah Jafari）和纳飞塞·帕亚尼（Nafiseh Payani）（2013）在《非洲管理杂志》（*African Journal of Management*）发表了一篇研究论文，其中提出了 4 个高效的知识盘点方法：

1. 识别和访问组织知识。
2. 确定组织在各个领域的专家和专业人才。
3. 为提升知识的状态优先考虑组织的知识领域。
4. 确定专家、部门和组织单位之间潜在的能够共享知识的领域。

用“学习教训”代替“经验教训”

知识迭代和立即重用是一种动态的活动，在这一过程中获得的知识才是最有效的知识。知识管理系统可以确保知识（技能、经验和专业知识）不仅仅在项目完成后进行总结，并且确保知识可以应用于项目开始之前和过程之中。在知识管理的环境中，经验教训是通过解锁项目团队和利益相关者的经验和专业知识获得的。经验教训在项目之前、期间和之后被重新使用时，就会变成真实的活动。值得一提的是，91% 的项目经理认为有必要总结经验教训或对项目进行事后的总结。但其中只有 13% 的项目经理表示他们的组织确实对所有的项目进行了总结，只有 8% 的人认为总结的主要目的是了解未来能为组织带来的好处。

在很多情况下，经验教训的概念都是一个笑话。在我组织的知识咖啡馆中，一些参与者认为应该用“学习教训”替代“经验教训”这一概念，因为前者是一个更积极使用知识的过程。从我的经验来看，记载经验教训的文档通常只是为了炫耀或标记。在日后的新项目中，他们从来不会引用这些经验教训或以此为参考。无论是人们认为他们已经知道了所有的事情，还是他们在项目开始时太过不知所措，以至于他们都不会回顾过去的经验教训，或者这些经验教训已经略显过时，但我始终认为人们错过了其中有用的东西。作者克里斯·迪贝拉（Chris DiBella）说：“我实际上正在做一个提升‘学习教训’的项目，实际上我想要摆脱经验教训，让它更像是对经验教训的实践。”这才是正确的方向：应该从实践的角度重新考虑经验教训——这些经验教训将成为任何新项目启动时不可缺少的一部分。我将在第 10 章中更详细地说明学习教训的相关内容。在知识转移中，经验教训就是学习教训。在此，我们使用在项目开始前、项目中以及项目结束后获得的经验教训，这些经验教训将成为我们做事过程中的一部分，成为一种新的做事方式。

激发好奇心，乐于分享知识

知识管理可能会造成额外的工作，但不会成为负担，否则就违背了知识管理的初衷。扩展组织的知识库应该是激发员工并创造价值，而不是耗尽员工的知识。去知识咖啡馆分享知识就是实现这一过程的一种简单有效的方法。

知识从何而来？

罗伯特·奥迪（Robert Audi）区分了他所谓的“四个标准的

基本来源”，即我们通过知觉、记忆、意识和理性来获得知识或证明信仰。一个基本的来源能够产生知识或正确的信念，完全不需要依赖另一个来源。

我们通过自己或他人来获得与知识相关的内容。

通过自己可以获得以下与知识相关的内容：经验、推理、本能、学习、个人看法、信念、个人成长、直觉、启发、准备、孵化、验证、分析思维、失败和成功、信仰或个人信仰、试验和错误、梦想、反学习。

通过他人和外界的影响能够获得以下与知识相关的内容：导师、其他知识创造者和共享者、阅读、传统、研究、权威和中小企业、直言三段论、科学的方法、冥想、自然的调查、从其他人和项目中吸取的经验教训、灵感、培训和进步。

3.2
过去和现在的知识管理

知识管理始于 20 世纪 80 年代，受到认知科学、商业理论、社会科学、信息科学和人工智能的影响。据《知识管理世界》报道，“知识管理”一词最早是麦肯锡（McKinsey）在 1987 年对其信息处理和利用进行内部研究时使用的。在 1993 年由安永会计师事务所组织的波士顿会议上正式公开提出了知识管理的概念。

然而，知识管理的早期先驱之一鲍勃·巴克曼（Bob Buckman）认为知识管理是由 C. 杰克逊·格雷森（C. Jackson Grayson）提出的，后者是美国生产力与品质中心的创始人兼负责人，他们于 20 世纪 90 年代在休斯敦举行了第一次关于知识管理的重要会议。第二次关于知识管理的会议是由麦肯锡和布鲁克·曼维尔（Brook Manville）举办的。古尔滕则表示，在生产力与品质中心后续举办的会议上，“知识管理”一词是用来描述他们正在做或试图想要做的事情。

作家 T. J. 贝克曼（T. J. Beckman）认为，香港理工大学知识研究所主席兼首席执行官卡尔·M. 维格（Karl M.Wiig）于 1986 年最早提出了知识管理这一概念。他们于 1993 年撰写并出版了最早的知识管理书籍之一《知识管理基础》（*Knowledge Management Foundations*）。

知识管理的智力根源

许多先驱者早已探讨了知识管理的根源和起源。例如，参见维格、哈伦·克利夫兰（Harlan Cleveland）、赫伯特·西蒙（Herbert A. Simon）和彼得·圣吉（Peter M. Senge）的著作。韦格（Wiig）在《知识管理：一门悠久历史的新兴学科》（*An Emerging Discipline Rooted in a Long History*）一书中，用如下的方式确定了知识管理的智力根源：

- 从宗教和哲学（例如，认识论）出发来理解知识的作用和本质，允许个人“独立思考”。
- 利用心理学来了解知识在人类行为中的作用。
- 通过经济学和社会科学来理解知识在社会中的作用。
- 通过商业理论来理解工作及其组织。
- 工作合理化（泰勒主义）。
- 全面推进质量管理和管理科学，从而提高效率。

- 通过心理学、认知科学、人工智能和学习型组织，超越竞争对手的学习速度，并为员工提高效率打下基础。

根据《大英百科全书（2020 版）》记载，“最早的时候，埃及和巴比伦为了保持足够数量的工匠，开始组织工艺技能培训，其历史可追溯到公元前 18 世纪的《巴比伦汉穆拉比法典》，法典里要求工匠们传授他们的手艺、转移和分享他们的知识给下一代……到了 13 世纪，西欧也出现了类似的组织——艺工行会。这是一种适合于手工业的制度，师父和他的助手一起在自己的营业场所里工作。这就形成了一种人为的家庭关系，学徒制度取代了亲属关系”。

知识咖啡馆的概念形成了一种互惠的知识共享互动，是一种典型的工艺行会和学徒制度。

我们从幼年时代起就开始学习各类知识和技能。相较于我们所听到的东西，我们能从自己所看到的或所做的事情中学到更多的东西。对于孩子来说，我们的言谈举止都是一种有意识和无意识的知识分享，所以我们必须言行一致，这样孩子才能判断是非对错。知识共享已被证明是个人和组织传递知识和塑造价值最有效的方式。例如，在培训外科住院医师的项目中，有一种非常有效的传统教学方法，即“看一遍、做一遍、教一遍”。学徒制、导师制、教练制、交叉培训，看一遍、做一遍、教一遍，以及分享知识，一直是作为向他人或后代传递知识的方式。知识咖啡馆的环境为开启这种传递提供了空间。

《世界发展报告》（*World Development Report*）指出，“人类需要利用知识来将我们拥有的资源转化为人类需要的东西，借此提高生活水平，改善卫生条件，提供更好的教育，保护环境。并且，人类要以尽可能恰当的方式做到这一点。而所有这些增值活动都需要知识”。

虽然这些有关知识管理的定义和尝试在今天仍然可用，但坦白地说，其中一些要么无法实施，要么不可持续。

职场中的知识管理体系已经由来已久，包括在职讨论和培训、正式的学徒制、讨论论坛、企业图书馆、专业培训、经验教训和指导项目等。

知识咖啡馆是连接知识管理的过去和未来的桥梁，所以我们必须进行知识管理，才能解决迫在眉睫的知识流失问题。知识咖啡馆似乎是一个能够缓解信息囤积的环境。知识囤积的心态会导致工作场所中出现信息孤岛，并阻止了组织内部跨部门的信息流动，因此信息的囤积也阻碍了进步。将知识工作者带入知识咖啡馆能够帮助他们打消分享的顾虑。因此，我们迫切地需要制定出知识咖啡馆手册，使各行业水平的人都能理解知识咖啡馆的运行机制，但我们也必须要用一种口语化的表达来撰写和传达知识咖啡馆的白皮书和学术文本。

咖啡馆式的学习也是大学未来的趋势。新冠肺炎疫情让许多不可能成为可能，不少曾经对远程办公等替代工作方式报以冷漠态度且充满敌意的人，如今都已开始接受远程办公。这就是未来和现在知识经济的运行机制。知识咖啡馆的心态将是未来获取、交流和转移知识的态度。

当我成为项目管理学院奥斯汀市分会的会长时，我们在 2017 年 10 月召集了我的 15 位前任领导参加董事会的过渡和战略会议。我发现，过去的会长和董事会成员都迫不及待地想在任期一结束就消失得无影无踪，其消失速度快到甚至没人能看到他们亮起的刹车灯！这些领导创下了许多伟大的功绩，但也扼杀了许多技艺出众的人。然而，我没有选择重蹈他们的覆辙，去遏制那些才艺出众的人。我们把所有重要的知识经纪人和领导者带到知识咖啡馆，进行简单而深入的知识对话，通过这种方式来利用他们的知识和智慧。

项目管理协会将“知识转移”定义为“将关键专业人员的专业知识、智慧、洞察力和隐性知识系统化地复制到其同事的头脑和手中”。一致的、习惯性的知识分享可以防止组织在培养创新能力的同时做不必要的工作。项目管理协会的研究表明，在知识管理方面效率最高的组织可以将项目成果提升近 35%。利用经验和促进创新对组织来说同样至关重要。组织有效地利用集体旧知识和新知识才能取得进步。

在知识管理的环境里，每位员工都认同知识应该在组织内部主动自由地流动。知识会迅速过时，这对那些不愿分享的人来说的确是个坏消息。新知识、新发现、新技术、新环境总是会让那些不愿分享知识的人变得无关紧要。此外，没有被分享的知识也终将被机器取代。

每年,《知识管理世界》都会发布一份知识管理百强企业榜单。这些组织将数据和信息转化为具有真正商业价值的可操作的见解。这些管理知识的公司包括惠普、国际商业机器公司（IBM）、谷歌、埃森哲、施乐和甲骨文等。接下来，我们将研究它们的知识管理方法，寻找最佳实践。

根据我的研究，在所有的公共部门中，美国陆军和美国国家航空航天局的知识管理模式最为先进。它们都设有一个知识管理部门和首席知识管理官。多年来，我与这些知识管理行家一起工作。一些退役的军官是知识管理的最佳拥护者，因为他们相信知识管理的价值、相关性和在军队中的应用。

知识管理正在极大地提升公共部门的吸引力。美国国家高速公路协会兼交通局是一个非营利性、无党派的协会，它代表50个州、哥伦比亚特区和波多黎各自治邦的公路和运输部门。2018年，美国国家高速公路协会兼交通局成立了知识管理委员会，为它的52个成员部门提供了一个交流信息、实践行业标准、运用经验、实施新兴方法和概念的平台。我是委员会设计小组的一员。由于知识管理的紧迫性，8年前，美国运输研究委员会成立了一个知识管理工作组，也就是现在的信息和知识管理委员会，就是为了培养多样化的国家交通研究人员，其中包括参加其年度会议的1.3万名研究人员和交通官员。

在2018年出版的第6版《项目管理知识体系指南》中正式将“管理项目知识”作为管理成功项目的关键过程之一。指南的撰写者们认识到，由于从业者和专业人员老龄化而形成的知识孤岛是造成项目知识流失的重要原因。知识管理是解决组织知识流失的必要手段。组织需要通过知识管理来培养自身的后备力量、提高组织弹性。知识管理文化对于创造新知识来应对颠覆性技术的挑战来说至关重要。知识管理应该被渗透到每个组织结构的所有部门。

3.3
知识博览会和知识咖啡馆：打破知识孤岛

你不可能凭空想出伟大的想法，新想法也不会从文件柜里冒出来。数据库、数据湖和存储库也不可能成为创新的发源地。知识孤岛并不是社交网络的别名，囤积知识的脑袋里也不会存有什么好的主意。如果你愿意接纳任何想法，新想法就会出现在你周围，即便是噪声中也可能蕴含着伟大的想法。因此，知识咖啡馆有助于释放新的想法和创新。

大多数关键的任务知识都储存在组织员工的头脑中，于是分享知识是当今组织面临的最重要的挑战之一。许多组织还没有意识到弥合知识鸿沟的潜在好处。许多知识工作者，包括项目经理，尤其是公共部门中的成员，都认为从专业经验中获得的信息是他们保障自己工作的关键。霍尔（Hall）和萨帕斯德（Sapsed）在 2005 年指出，在以项目为基础的组织中，员工在知识分享相关的问题上异常挣扎。员工“囤积”他们的知识，目的是保护他们的专业性和职位。知识工作者经常因为分享他们的知识而受到惩罚，而不是获得奖励。

但坦白地说，知识管理也有一定的成本，就像任何文化变革都有成本一样。这些成本包括领导力、时间、承诺和资源。

那么，形成对话和综合的知识管理系统或程序的秘诀是什么？我们需要一种非结构化的直接的方式来开启讨论，即一种“年轻化”的方式，让每一位知识工作者都有发言权。我认为知识咖啡馆的方法是众多知识管理方法中最全面、最有效的方法。

信息和知识孤岛会带来哪些危险和干扰？

组织根据不同团队的位置、工作职能、流程领域或其他因素对团队进行定义，所以自然会出现知识孤岛。根据我的理解，这些天然的障碍也会形成独立的团队文化。

然而，当组织中的团队、知识创造者或项目经理被困在知识孤岛上时，也会出现新的问题。他们没有分享有价值或关键的与工作相关的信息，而这些信息会影响到其他团队成员、项目经理、利益相关者，以及整个组织。知识孤岛不利于组织内部的有效协作，干扰了反馈，并限制了组织实现最大生产力、效率和成功的机会。知识孤岛的存在也会限制组织利用集体意志（社区知识）的能力。

备受赞誉的专栏作家、记者吉莲·泰特（Gillian Tett）指出，“孤岛”一词不仅仅指一个物理结构或组织（如部门），也可以是某一社会群体所呈现的精神状态。“孤岛导致了部落文化的出现，它同时也存在于我们的思想和社会群体中。”孤岛的产生是因为社会团体和组织遵循既往的惯例对世界进行分类。

孤岛并非一无是处，但团队中的一些孤岛可能是自私且冷漠的，人们都会保留自己知道的信息和知识，无法创造新的知识，或升级现有的知识。孤岛团队可能会患上信息肥胖症。我们是否践行了我们所宣扬的理念？我们是否意识到了孤岛的存在？我所在的得克萨斯州运输部有 1.2 万名员工，在一次年度员工敬业度调查中，65% 的受访者非常同意我们的机构内部存在孤岛，甚至在分支机构、部门和团队内部也存在孤岛。因此，组织有责任创建一个咖啡馆式的“安全空间”来打破各种孤岛。如今，一些知识管理和打破孤岛的项目正在扭转这一趋势。

另一个孤岛的例子是某一工作流程中出现的瓶颈。这样的工作流程依赖一个人独立完成，无法利用几个人的专业知识来确保实现最好的结果，也不需要不同的思想和知识。在实践社区中，为了确保最佳结果，需要汇集社区成员或某些人的专业知识，并且需要各种不同的观点和知识才能创造出最佳解决方案。实践社区的成员必须是一个有机的整体，强制的要求是无法达到最佳效果的。在零工经济中，在社区中建立知识管理基地有助于在人员流动的情况下保持整体劳动力的敏捷和高效。识别和联系社区中的知识工作者有助于我们进行学习、互相帮助、分享和成长。

利益相关者通常被孤立在各自的项目团队中，很少或根本不花时间进行知识管理，既没有时间去识别、获取、分享、复兴、创造关键的组织知识，也不会花时间去提出关于项目知识、如何管理项目知识的问题，更不会去思考如何使项目知识易于使用、可访问、与所有终端用户相关。在我主持的打破孤岛的午餐会和学习会上，一些与会者抱怨说，他们面临的挑战不是他们缺乏分享知识的意愿，而是没有时间分享。他们表示，花时间进行适当的知识转移感觉就像忽视了自己的主要职责。可见，组织惯常的管理方式并没有给知识管理留出足够的时间，所以知识咖啡馆可以作为孤岛的终结者！

如何建立和培养一种打破孤岛的知识共享文化？

我抛出了几个想法，希望其中某个想法能够得到贯彻，为发展知识经济创造动力。我经常会见美国各地的数百名从业者，他们似乎都遇到了同样的知识流失困境。所以，接下来我将要阐述为什么我认为知识咖啡馆是解决这一问题的灵丹妙药。

知识交流可以增加利益相关者的参与，知识咖啡馆可以提升员工的敬业度。2017 年，88% 的企业希望提高员工在工作场所的敬业度。一个有吸引力的环境和敬业的精神会提高知识共享的可能性。员工不太可能在一个不适合分享知识的环境中或者在他们无法融入其中的时候分享自己的知识。吸引员工参与的方式有两种，一种是结构化的或传统的方式，另一种是非传统的方式，我称之为咖啡馆式的方法。咖啡馆是一个开放的环境，不会预设任何结果，通过开放的对话吸引大家的参与。没有参与，就会出现知识脱节。例如，一位员工平均从事一份工作的时间是4.2年。这段时间的参与对于获取、习得、交流和分享知识非常重要。此外，为了找人接替即将离职的员工，公司还需要付出该员工年薪的33%。

获取知识必须是战略性和前瞻性的尝试！组织必须在员工离开组织（退休、调职或工作变动）很久之前就开始获取员工的隐性知识。提前两周递交了离职申请后，即将离职的员工不会再认真对待知识获取的任务。因此，组织必须定期开展和巩固知识获取的活动，借此培养健康的知识文化。

但这也让我对未来的职场和知识管理产生了怀疑。鉴于当前跨行业和各个职位快节奏的工作环境，我没有足够的时间进行数据收集、分析和报告。德勤、贝信和麦肯锡等机构的研究表明，未来的工作不仅需要自动化、机器人和人工智能，也需要劳动力人才、技能和知识。因此，知识管理将在未来的工作中继续扮演重要的角色，并且知识咖啡馆模式更容易开启这样的对话。

只有在知识咖啡馆中鼓励知识分享和合作，才能打破知识孤岛。通过跟踪和推广升级路径来打破知识孤岛，用专业精神来缓解知识孤岛的紧张局面。

3.4
案例研究：组织因不接受知识转移而错失良机——尼迪·古普塔博士

尼迪·古普塔（Nidhi Gupta）博士是一名训练有素的牙医、认证项目经理。她意识到了人员、技术和流程在牙科服务和项目中的意义。以下是她自述的案例研究。

职业生涯中知识管理的介绍与经历

我已经为公共部门、奥斯汀市和得克萨斯州服务了近十年。我意识到，公共部门中有大量的数据，如果这些数据能够被正确地进行渠道化和吸收，可以为得克萨斯州的公民发挥很大的作用。卫生与公众服务委员会的使命是通过较好地管理公共资源，为医疗服务提供可靠、有效和及时的支持，从而改善得克萨斯公民的健康、安全和福祉。知识管理是当今时代最常被谈论的话题之一，因为它关系到决策和服务提供的利益。但在实际实施时，它却是最常被忽视的环节，人类面对面的互动和知识交流被牺牲在了技术的祭坛上。

组织及正式的知识转移程序

作为得克萨斯州卫生与公众服务委员会的公共部门顾问，我深知，为了做出一些明智的决定需要对多年积累的数据进行研究、理解和分析。虽然该机构使用了多种工具来传播知识，但却没有一款正式的程序切实地践行知识传播。特别是随着《参议院第200号法案》（*Senate Bill 200*）的实施，我们正在加大努力聚合知识中心、集中知识门户，从而可以有效地做出决策，提高决策透明度，制定成本效益报告。目前，所有的程序部门、业务领域和IT行业都在努力完成这一工作。

知识管理的投资

眼下，得克萨斯州政府的数据存储系统严重依赖数据集市和数据仓库，但不幸的是，这些系统在很大程度上是独立运行的。根据第84届立法机构例会一致通过的《参议院第200号法案》，卫生与公众服务委员会被授权在整个机构范围内重组信息和数据结构，对当前存储在不同源系统和信息门户的数据进行有效和全面的分析。此外，该法案还要求各机构定义和简化不同项目领域和部门的数据，从而收集绩效指标，并创建信息公示板和有效的报告系统，这些举措使得克萨斯人受益匪浅。该法案的长期计划是实现知识存储库的自动化，这样数据驱动点就可以自动进行所需的分析，并快速、高效、无缝地做出有吸引力的决策。

转移或分享知识时遇到的挑战

知识转移也面临着诸多挑战。由于跨部门的信息和有价值的数据存储于几个孤立的源系统中，因此在实际的运营中我们很难获得数据、便捷地访问信息，从而理解和得出任何有用的分析。随着联邦和州的规则及指导政策的变化，底层的信息结构和政策指导方针也经历了实质性的修改，从而使遗留的信息门户承担了更多的责任，需要在必要时更新信息。由于各个部门和项目领域的中小企业分散在不同的机构中，因此为了获取所需的信息，确定正确的资源组就成了我们必须面临的挑战。像卫生与公众服务委员会这样的大型机构所面临的挑战在于如何识别和接近正确的知识群体，以及让它们认同知识转移的主题。另一方面，我们已经了解到，程序部门中的中小企业没有共享、协作和包含信息的共同途径。跨部门的信息始终处于隔绝的状态，无法形成一致的信息，也无法阐释出标准的业务流程定义。跨系统的信息存储在既有的旧系统中，但旧系统又与其他系统和市场上现有的最新技术趋势并不兼容。由于这种差距，信息和知识门户在各自的知识孤岛中运行，没有形成交互作用。

当知识系统和人无法交流时会出现哪些问题？

如果一个组织内存在多个系统，并且这些系统之间无法相互作用，那么组织内的信息就是孤立存在的，所以该组织无法获得由统一一致的系统提供的广泛而深入的观点所带来的益处。这种单独运行的知识共享工具极大地影响了系统内的透明度、沟通和协调，也无法使系统的活动与组织的优先事项保持一致。目前，各类组织主要使用以下这些企业内容管理系统和元素：SharePoint、ProjectWise、OnBase、存在论、分类法、元数据、信息架构等。利用 PMRS（项目管理存储库系统）、ontology JIRA 和惠普应用生命周期管理作为主要工具，以及项目相关的物品和其他组织文档的存储库。同时，与项目相关的信息和临床数据存储于各个数据源系统中。在即时通信方面，组织也可以利用 Skype 软件来加强日常的沟通。当我们开发可以相互对话的系统时，整个企业的团队应该走进知识咖啡馆来理解、识别、管理和交换组织知识。

目前，与不同州的机构、设施和部门的人员一起收集信息需要大量的时间。根据对知识信息门户的访问问题，收集初始数据集甚至都可能需要几天到几周的时间。

分享知识的意义

分享信息对于获得成功的结果和营造高效的、协作型的工作环境来说至关重要。一旦各个团队分享了他们的知识，便能显著地改善组织的业务流程，员工也能平等而富有成效地发表自己的意见，从而实现预期的结果。与此同时，分享知识也能激励员工，帮助团队成员实现创新。此外，及早地分享知识，可以做到即便在资源缺失的情况下，组织的工作也不会受到影响，员工们能无缝衔接地完成工作流程。因此，知识共享可以防止关键技术的流失。

知识转移究竟是挑战还是乐趣?

有时，我们的项目部门会积极参与知识转移活动，包括让主题专家和业务领域所有者参与到积极的头脑风暴和联合应用程序开发的会议中来，分享他们知道的信息。然而，在大多数情况下，交流和传递信息仍是一项挑战，因为在现实中很难吸引中小企业的参与，也很难安排它们在同一个平台上进行协作。此外，员工或许为了保住工作，不愿意分享他们掌握的知识。信息存在于没有相互作用的孤立的系统中，这给统一的、无缝的知识传播造成了巨大的威胁。

缺乏知识所引发的不良后果

由于缺乏适当的知识转移，我在知识的传播和获取方面遇到了诸多障碍。由于组织所收集到的知识是冗余的、有缺口的，或者是相互冲突的，所以项目团队会因此出现难以决策和效率低下的情况，从而进一步引发项目团队的频繁变动。由此又会引发返工、产品劣质、模糊、缺乏精确性和进度延迟等问题，给项目带来了不利的影响。不完整和不充分的知识转移在利益相关者的脑海中形成了一幅模糊的画面，执行领导所获得的关于项目进展、成就和下一步的评价也不够准确。

结论

知识分享和传播是组织成功的关键步骤。组织需要立即实践知识分享计划的初步努力和程序。一旦付出初步的努力，组织就能获得实质性的益处。

关于尼迪·古普塔博士

尼迪·古普塔博士就职于得克萨斯州最大的国家机构——卫生与公众服务委员会。在交流和管理知识方面，每个人似乎都面临着类似的挑战。知识管理是系统与系统之间的对话，在知识咖啡馆交流的人都对知识充满了热情。大多数组织，特别是在公共部门，仍然努力实践知识管理的概念。一个简单的知识博览会和知识咖啡馆活动将会帮助组织了解自己目前所处的阶段、掌握了哪些知识、如何分享知识，以及为何要进行知识交流。

第4章

设计有效的知识咖啡馆

本章目标

- 理解为什么意向性如此重要
- 讨论组织知识咖啡馆、博览会的地点、时间和方式
- 理解提出正确的知识咖啡馆问题的重要性
- 展示在知识咖啡馆的各种沟通方式
- 探索案例研究中的例子
- 知识咖啡馆的促成因素
- 找到有用的资源

4.1 知识管理的意向性（笑话管理）

我从来没有意外地发现自己来到了知识咖啡馆，因为这是有目的的，预先决定好的活动。意向性是知识管理获得成功的前提基础。此外，组织必须制定出知识管理的战略。就像一个项目，它不能进行自我管理，必须被管理。践行知识管理意味着创造一个有利于获取、转移、分享和创造新知识的环境，让知识管理成为一种文化。

知识交换与转移是知识管理的重要组成部分，也涵盖了知识分享。组织若想获得最大利益，必须主动进行知识交换和转移。项目管理协会 2015 年发布的《职业脉搏调查》（*The Pulse of the*

Profession）指出，“知识转移是将关键专业人员的专业知识、智慧、洞察力和隐性知识系统化地复制到其同事的头脑和手中的活动”。知识管理是系统化的、有意为之的行为。

知识是一个组织最重要的资产。一个组织保存自身知识的能力决定了其赢利能力、可持续性、竞争力和增长能力。任何组织都不能失去自身的知识基础。世界经济论坛指出，95% 的首席执行官认为知识管理是一个组织成功的关键因素。《财富》（*Fortune*）杂志指出，80% 的公司明确分配了具体的员工来专门负责与知识管理相关的工作。

创新是知识管理过程中产生的新知识产物。有权威人士指出，创新有三个组成部分：反复利用现有的组织知识、创造力或发明，以及开发创造价值。这些元素之间的平衡确保了知识不会被浪费。组织更新知识，并使创新有了商业基础。为了真正实现创新，一个产品、服务或公司必须是独特的、有价值的、值得交换的。

然而，一个无奈的现实是，最关键的组织知识局限在个人的头脑中，而个人又把知识以数据和信息的形式封锁在学习资料、文件和文档中。了解我们所知道的知识已经足够具有挑战性，所以要求每个人都能自由地分享自己掌握的知识更是一个难题。有专家认为，共享专业知识是当今组织面临的最大挑战。考虑到现如今在项目管理领域中有五代知识工作者在共同工作，我们究竟是要寄希望于偶然发生的知识转移，还是希望知识创造者能够主动地共享知识？

健康的知识文化会形成知识社会，营造健康的知识文化必须付出系统的努力。如何创造一个知识共享的文化？知识管理项目必须经过计算、精心筹划、执行，并将其视为一项成功的组织战略。

一个公司或个人目前所掌握的知识远不足以应对未来要面临的调整。知识是动态发展的，今天的新事物和创新很可能就是明天的核心知识。

意向性问题

- 许多读过这本书的组织领导者已经理解了知识经济的重要性，但他们是否有意识地进行了知识管理？
- 组织有多少预算可用于知识管理？
- 组织是否进行了知识盘点？
- 组织是否营造了适宜知识管理蓬勃发展的氛围？
- 组织是否鼓励员工分享知识？
- 对于未来十年即将大量退休的婴儿潮一代，组织制订了什么样的返聘计划？
- 组织是否有意识地进行知识管理？
- 组织是否在计划进行知识管理？
- 组织是否实施了具有前瞻性的知识转移系统计划？

生活中的许多事情都是自然发生的：在火山爆发期间，火山灰的碰撞摩擦积累了大量的静电，所以才会出现闪电。为了吃到更好吃的坚果，摩洛哥的山羊都学会了爬树。加拿大的斑点湖在夏季会长出许多的“沙漠玫瑰”，这是一种特殊形式的矿物石膏，生长在偶尔会发洪水的干燥沙质地区，外观看起来像圆点。与此同时，知识和项目不会有机地发生，必须经过管理。所以，组织需要得到每位利益相关者的技能、经验和专业知识，这样才能成功地维持项目管理和运营。加之所有的项目管理都始于人的知识——知识资产，即组织智力资本的总和，因此，我们经常会反思这样的问题：谁拥有这些知识？只有在这种智力资本被识别、利用和共享之后，所有权的问题才成立。

知识管理的另一个重大障碍则在于专业学科内有大量的术语，这有时对一般的知识创造者和用户来说可能听起来过于学术。概念有多种定义，而不是单一的知识体系。我也认同一些从业者的观点，他们认为问题在于有太多的顾问认为知识管理是一个快速赚钱的机会，他们很少通过做基础工作来理解其中的原理，或者将他们的工作融入学科的知识体系中。学界有几次尝试想要形成标准化的术语，但问题在于理论家很少参与这些尝试，而实践者只是知道自己做了什么。所以，最好的方法是将知识管理视为一种具有多种视角的丰富实践。每个观点都有一定的道理和价值，只是我们需要学会从某个特定的角度认识它。正如每一个医学定义都专注于不同的方面一样，知识管理的每一条定义也都有其关注的角度。

在我的一生中，曾第一次发现五代项目经理和知识工作者在同一个项目空间中工作，并且每一代人都在说着自己的知识语言。比如，“嘿，给我写封信”，“我们聚一聚吧”，“给我发一封电子邮件”，“给我发短信”和“我们发个抖音吧”。

没有人会无缘无故地闯入咖啡馆。我始终都知道自己会在什么时候去咖啡馆，在咖啡馆会遇见谁，去到哪家咖啡馆，甚至会知道在咖啡馆会选择什么饮料，因为去咖啡馆是有意向性的活动。每个人都说他们在管理知识，但显然缺乏意向性。对许多人来说，知识管理就像一个新年愿望。你或许明白我在说什么，因为不出二月你早就把自己的新年愿望忘得一干二净，明年年初的时候又会想起曾经许下过这样的愿望。这就好比是你在管理一个没有任何要求、没有明确的范围和目标的项目，你甚至都不确定项目能产出什么样的结果，以及需要交付什么样的成果。

这不是知识管理，而应该被称为“笑话管理”。你或许听过一则关于天堂颁奖典礼的有趣故事（这是一个有质量保证的笑话）：台上有人宣布某位男士完成了他在地球上作为丈夫和父亲的使命，台下出奇的沉默，直到一个人举起了手认领了这份肯定。这位男士被叫到台上分享他成功的秘诀——他是如何击败了所有人，并超越了所有人对他作为丈夫和父亲的期待。他回答说：“我不知道你在说什么，是我的妻子让我举手而已。”或许你应该明白其中的道理了！意向性至关重要。

对一个人、家庭或组织来说，最糟糕的事情就是缺乏忠诚、坚定的爱和知识。知识是其中最重要的元素，如果你有知识，就一定会理解坚定的爱和诚实。我相信很多事情都有灵性，这就是为什么我们会有感觉、梦想、激情和爱。但是，没有风度、爱、同情的话，知识的灵性也会变得非常肤浅。如果你需要在任何商业领域或灵性方面获得提升，那么你必须首先提升自己的风度和知识。静止的、没有被分享、没有被赋予新力量的知识对每个人而言都是无用的。

4.2
知识咖啡馆、博览会前来救援

咖啡馆 = 对话 -（写作 + 讲座）

我们走进咖啡馆的目的就是要进行对话、知识共享和理解我们所掌握的知识，不一定要进行写作、演讲和讲座。在我的生活中，参与咖啡馆的谈话使我获得了一些创新的想法。

传统的学习方式是通过指导（讲座）、视频和阅读（书籍）等媒介来实现的。在知识咖啡馆中，没有演讲，取而代之的是对话，以及哈佛大学物理学教授埃里克·马祖尔提出的适用于主动学习的同伴教学模式。大卫·古尔滕称之为“翻转教学”，是对传统课堂教学模式和家庭学习模式的翻转。学生在家里观看老师预先录制的课程，教师在课上的教学时间测试学生应用知识的水平，并通过实际项目、讨论和练习来进行师生互动。在任何专业环境中实践知识管理都会涉及巨大的范式转变，这就是为什么我建议在到访咖啡馆之前先形成自己的个人知识登记册。相关内容请参阅 2.3 节和 2.6 节，在 4.3 节中我也会详细论述咖啡馆的框架和分步的方法。

> 教育在某种意义上是一个两步走的过程。第一步是信息的传递，我们有很多种传递信息的方式，比如书籍、视频、讲座等。然而，教育的关键是让学生理解这些信息，收获恍然大悟的时刻，那一刻学生会觉得：“哦，我明白了！”因此，你可以在新的语境中应用信息中所蕴含的知识。
>
> ——埃里克·马祖尔

只有当我们有休息的空间去思考、提问、交谈、对话和交流知识时，才会理解自己学到的东西。这就是“恍然大悟”的时刻，这就是知识咖啡馆的作用。

知识咖啡馆可以实现从自有知识到共享知识的无缝转移，它通过非正式的方式整合其他赞助人（即知识工作者）的知识，也能进一步激发参与者的学习欲望。孤岛式的工作场所就好比是走进了一家安静的餐厅，食客们都想与其他食客保持距离，我称之为知识社交距离。大家期待无声的、私密的对话，与其他桌的食客交谈会被认为是一种不礼貌的行为。反之，在知识咖啡馆中，串台会给参与者带来更好的体验！知识咖啡馆的概念是一种交互式的环境，把各种兴趣和参与者聚合在知识管理的轨道上，是人们建立联系、进行协作和对话的一站式商店。

知识咖啡馆的概念提供了一个适当的、无威胁的共享和交流环境。一旦组织接受了知识管理的思维方式，就能体会到这一过程的乐趣，也会发现员工的职业倦怠发生率呈现出了下降的趋势。每个人都能从知识咖啡馆中受益！

知识咖啡馆的另一个潜在好处是提高了优秀员工的留存率。2017 年有调研机构对来自全美国的 614 名人力资源部门的领导进行了一项调查，坦率地探讨了职业倦怠如何导致人员流动率的提高。令人惊讶的是，87% 的受访者声称提高留存率是一项组织高度重视的、关键的优先事项。在我的研究中，95% 的领导者承认，员工的倦怠会降低员工的留存率，并且目前还没有明确的解决方案。还有什么能比一个友好和无压力的工作环境更令人感到舒适的呢？

嗯，这是否听起来像一个街角的咖啡馆？咖啡馆是一个员工流失率较低的工作空间，在这里，知识转移、交流和保留都得到了蓬勃发展。所以，企业若能正确地践行知识管理，便能营造出一个避免职业倦怠的企业环境。

如前一章所述，知识咖啡馆是一种知识管理技术，用于展示一个群体的集体知识、组织成员之间相互学习的氛围，分享想法和见解，并获得对主题知识和知识管理的最佳实践。知识博览会则是一个展示组织知识资产和最佳实践的活动。当需要更多的互动体验时，知识博览会比传统的展示汇报更为合适。

知识咖啡馆可以以虚拟或面对面的形式发生在任何地方。用咖啡馆式的方法举办知识博览会较好地弥补了这些场合的不太正式感。在知识博览会活动中，我们展示了组织的知识资产和知识交流的最佳实践，以此来展示组织所拥有的集体知识，与行业专家相互学习，提升组织的实践水平，并分享想法和见解。在博览会上，组织会对知识管理的主题、问题和最佳实践方式有更深入的了解。这种互动体验帮助组织打破信息和知识的孤岛，提高效率和弹性。

知识博览会是传统展示汇报的替代选择，是一种更具互动性的体验。但鉴于没有一劳永逸的方法，所以我更喜欢将知识咖啡馆与知识博览会结合起来，提高知识管理活动的正式程度。这种结合给了我将知识咖啡馆升级为领导力咖啡馆的自由或方法，也由此对管理政策、制度化和知识管理的实施进行了微调，并取得了不错的效果。我将在第 11 章中详细论述领导力咖啡馆的内容。

知识博览会和知识咖啡馆有助于缓解我们对知识管理的抵触和恐惧，克服刻板文化对知识管理的不利影响。因此，组织可以利用知识博览会和知识咖啡馆开启组织内部的知识管理对话！

知识咖啡馆问题的示例

多年来，我利用知识博览会和知识咖啡馆将各类专业人士转化为知识管理者。我也召集了知识工作者、导师和缔约方会议的领导人共同参与知识咖啡馆活动。知识咖啡馆不具有威胁性，也没有预设结果，它只由以下强大的问题驱动：

- 你的工作环境中应用了哪些知识管理技术和工具？是否起到了应有的作用？
- 在你的工作环境中，知识共享的障碍是什么？你如何去克服这些障碍？
- 你如何把“现有的知识”转变为“共享的知识”？
- 在你的工作环境或实践社区中，是否存在知识管理协作？利用了哪些工具？
- 如何建立和维护一个实践社区？

4.3 设计知识博览会和知识咖啡馆的要点：最佳实践、地点、时间和方式

在我所工作的组织中，我负责管理项目知识，我最常用的方式就是组织知识博览会和知识咖啡馆。我相信所有的组织都有其不同的特点，适用于一个组织的方式可能并不适用于另一个组织。所以，我的知识咖啡馆与大卫·古尔滕或丹·拉梅尼（Dan Ramenyi）的建议并不相同，而是一种组合式的知识咖啡馆。

古尔滕的知识咖啡馆指南

知识咖啡馆通常持续 1.5~2 小时，具体取决于你有多少可用

的时间，但至少不少于 1 个小时。最基本的准则是，大部分的时间都必须用来供参与者相互交谈，而不是一个人向一群人展示汇报。知识咖啡馆的价值在于对话本身以及每个人从中学到的东西。以下是古尔滕的知识咖啡馆中典型的对话格式。

1. 引导者或主持人介绍知识咖啡馆的流程，以及谈话在商业活动中的作用（约 5 分钟）。

2. 进行 1 个小时的对话练习，除非学员已经熟悉知识咖啡馆的概念。

3. 主持人欢迎大家来到知识咖啡馆（约 5 分钟）。

4. 主持人花 10~15 分钟概述本次知识咖啡馆的主题或题目，并提出一个开放式的问题。例如，如果主题是知识共享，那么抛给团队的问题可能是："组织中知识共享的障碍是什么？你如何克服这些障碍？"

5. 将团队成员分成 3 或 4 个小组（不超过 5 个），就此问题展开大约 45 分钟的讨论，然后整个团队再进行 45 分钟的讨论，每个小组分享他们的想法。如果本次的咖啡馆活动只就一个问题展开讨论，那么最适宜的方式是讨论者每 15 分钟轮换一次。

6. 可选步骤，在小组会议中，讨论者每 15 分钟更换一次讨论对象，从而扩大与他们互动的人数，使该小组获得更多不同的观点。

7. 通常情况下，不要拍摄对话的场面，因为这样做往往会干扰对话。在某些情况下，或许可以根据知识咖啡馆举办的目的来拍摄对话的内容，并且尽力将拍摄对交流活动的干扰降到最低。

知识咖啡馆活动的改进程序

为了升级古尔滕介绍的知识咖啡馆，我推荐以下几个步骤。你首先需要计划并设定自己的目标和期待，借此衡量知识咖啡馆或知识博览会产出的结果。在知识咖啡馆中，需要重视每个人的发言、消除恐惧、保持通畅的对话环境。

1. 走进知识咖啡馆就像参加任何社交活动一样，你可能会认识其他抱有较强求知欲的同伴。警告：大多数人都擅长交流，你得让他们开口交谈。

2. 虚拟的知识咖啡馆活动较为困难，因为你必须加入不同的会议，然后再返回到全体会议中。

3. 掌握沟通和培训的策略。找出组织中面临类似知识和信息挑战的支持者、专家、超级用户或早期使用者。

4. 安排一个计时员和记录员。

5. 选择一张合适的桌子。最好让所有参与者都能围着桌子而坐，一张桌子可容纳 4~6 个人，这样每个人都有机会发表自己的观点。要确保咖啡馆中的每个人都能够分享他们的知识。这样也有助于参与者在第一轮交际之后，选择好自己的桌子。我习惯于给每位参与者 15 分钟的时间用来彼此熟络或打开局面，并且让同一个办公室的参与者坐在不同的桌子上。

6. 参与者可以自行选择是坐着还是站着交谈，甚至可以选择坐在地板上。如果每个人都觉得舒服，就可以这样做，特别是在非结构化的知识咖啡馆活动中。

7. 将知识咖啡馆分成几个节段或几个不同的部分。如果我需要组织一场长达 2 个小时的知识咖啡馆活动，我会根据期望或目标把它分成3个45分钟的节段或部分。

8. 知识咖啡馆的讨论大多采取小圆桌会议上的形式进行，即使在简短的咖啡馆式的交流之后，参与者们也有机会进行一般性讨论。由于新冠肺炎疫情的原因，我组织过几次虚拟的知识咖啡馆活动。我利用聊天的阶段来鼓励大家勇敢回应，并确保每个人都在咖啡馆活动中表达了自己的意见。

9. 收集不同会议桌上的笔记和摘要：每张会议桌都安排一位记录员。在每个问题讨论结束后，收集各桌的讨论摘要，以便每个人都能从所有小组的讨论中得到提升。

10. 分享如何与员工沟通的最佳实践方式，以及促进知识共享的行为。

11. 收集知识交流笔记，通过推式沟通和拉式沟通的方式，传播知识博览会和知识咖啡馆中碰撞出的新知识。从各桌上收集的笔记和总结对整个知识社区都大有裨益，尤其是对那些无法参与的人。我通常会将收集的笔记分享给整个知识社区，并将它们发布在知识咖啡馆的网站上。知识咖啡馆是一种知识众包的机制。

知识咖啡馆的常见目标

我主持过的知识咖啡馆和知识博览会活动的具体目标：

- 识别来自团队、部门和办公室的知识共享技术、方法和最佳实践。此时，组织知识博览会和知识咖啡馆的目的是扫描整个组织，了解其他人是如何交流知识的，以及他们所使用的方法或技术。
- 展示有效的技术和挫折。知识咖啡馆活动的目的是了解在知识交流和知识管理的背景下，哪些方法是有效的，哪些是无效的，让参与者能了解既往的挫折、最佳实践、解决方案等。

- 建立知识社区或实践社区与其他社区的联系。虽然你可以为其中一个或所有这些目的来组织一次知识咖啡馆活动，但你也可以组织知识咖啡馆或知识博览会活动来连接不同的知识社区，从而实现知识交流或创建知识管理环境的单一目的。
- 建立知识用户与资源之间的联系。建立知识用户与资源之间的联系是组织知识咖啡馆活动的另一个重要原因。它或许能够为知识社区提供知识技术的促成因素、工具和资源。
- 找出信息和知识孤岛以及打破孤岛的方法。一次高效的知识咖啡馆活动或许能够发现组织内部的知识孤岛并找到打破孤岛的方法。
- 展示企业知识的多样性、附属品、文化、工具和技术，以及知识支持者。

知识咖啡馆的通用框架

指导的基本规则——一个框架：当你组织一次知识咖啡馆活动时，可以遵循以下原则。这一点很重要，因为知识咖啡馆活动不能算是一次典型的会议，需要使各方参与者的思想建立联系，在知识咖啡馆活动中进行知识交流。知识博览会和知识咖啡馆的典型特征包括：

- 对话契约

- 说出你的“疯狂想法”，供其他参与者测试
- 由基于团队和目标的有力问题来驱动
- 鼓励对话，而不是辩论或争论
- 鼓励开放性和创造性的对话
- 保持对话的顺畅
- 每个人都有发言权，也就是说每个人都可以参与其中
- 重视观点的多样性——识别选择、可能性、利弊
- 通过小组对话的形式来吸引人们广泛的参与
- 引发对问题的更深层次的理解
- 活泼的引导
- 发展和深化对特定业务问题的思考
- 消除恐惧
- 没有先入为主的结果
- 没有强迫
- 达成共识
- 互惠
- 承诺应用我们所掌握的知识
- 有趣

知识咖啡馆活动中的一些注意事项

以下注意事项能够避免你的知识咖啡馆活动走向失败，并为咖啡馆的体验增添活力，毕竟我们中的一些人早已厌倦了换一种形式的会议。

- 避免会议演讲式的风格（在对话中进行演讲）。

- 避免单向的知识交流（知识咖啡馆是双向的活动）。
- 在知识咖啡馆内不用保持社交距离，除非当地官员要求保持社交距离。
- 选择方便参与者的参会场地。
- 知识咖啡馆活动既可以是面对面的也可以是虚拟的。
- 允许参与者表现自己的脆弱，建立信任。
- 参与者可以选择是否参加，但不一定是“自愿的”。
- 活动过程中可以充满了团队建设游戏、笑话、零食、大笑。
- 每次的咖啡馆活动都围绕某个固定的主题展开，这也能引导咖啡馆活动中将讨论哪些问题（我在本章的末尾列举了几个示例问题）。

知识管理的活动和讨论

与会者在知识咖啡馆中可能会进行以下的知识管理活动和讨论：

- 用作标准记录系统的企业内容管理工具，如 MS Delve、SharePoint、ProjectWise 和 OnBase。
- 知识访谈活动，以及如何从专家那里获取知识。
- 讨论社交学习和社区，以及那些用于知识交流的协作平台，如知识倡导者的 Kudos、Slack、Microsoft Team、wiki 和社交媒体。
- 讲故事的知识实践（一些组织，如加拿大阿尔伯塔省交通部和 IBM，它们的员工中有专门负责讲故事的人）。
- 探讨最佳实践活动（流程改进，项目管理等）。
- 交流知识获取模板、实践社区制度、沟通计划和策略等。

在得克萨斯州交通部开展知识管理的过程中，我们已经确定了 50 多个实践社区，制定了一个知识访谈的流程，并定期举办知识咖啡馆活动，吸引了来自 59 个部门和该州 90% 的知识管理者参与。我们第一次举办知识博览会和知识咖啡馆的目的是聚集所有实践社区来共同进行知识交流。

第一次组织知识咖啡馆的原因

我们基于以下原因第一次组织了知识博览会和知识咖啡馆活动：

- 展示团队的集体知识。大家互相学习，分享想法和见解，并了解企业内部的主题、问题和知识管理的最佳实践。“知识咖啡馆是聚集利益相关者和意见的最佳场所，咖啡馆里没有正确或错误的答案。”（大卫·古尔滕）
- 了解行业趋势。美国运输研究委员会是美国国家科学、工程和医学科学院的七个主要项目部门之一。我们将目光从公共部门的知识管理协会延伸到私营部门的知识管理协会和组织。
- 与组织内践行知识管理的其他实践社区交流，确定并发展成熟了 50 多个实践社区。
- 分享最佳实践和合作，为提高组织的弹性和效率储备后备力量。
- 学习和获取资源、工具和技术，以便在专业社区（实践社区）、部门、地区会议上进行知识共享。
- 识别现有的知识共享和保留活动，并提升现有的知识管理水平。

- 创新、创造新知识、避免人才流失！
- 在咖啡馆中讨论其他人是如何开展合作和保持领先的！
- 偶尔进行反向指导。通用电气前 CEO 杰克·韦尔奇在 20 世纪 90 年代末提出了这一概念，他要求通用电气的高管们与公司内部的员工组成搭档，学习如何使用当时新兴的互联网技术。结果搭档之间的确起到了相互促进的作用。当两个知识管理人员从事类似的工作时，他们就相当于走进知识咖啡馆中互相学习，彼此成长。新手或年轻人与老员工应该相互学习。

在咖啡馆中，知识工作者有更多的自由来表达自己的观点。活动规则告诉了所有参与者答案没有对错之分，每个人都有属于自己的位置。

在知识博览会和知识咖啡馆活动中，每一位知识工作者都能表现得十分活跃。约 93% 的参与者表示有兴趣参加下一次的知识咖啡馆活动，评测出的客户满意度高达 93%。知识咖啡馆对其他知识管理方式的诞生也起到了至关重要的作用，比如知识访谈、指导、将技术融入知识管理的人员要素中，以及制定企业的知识管理战略。

除了办公室或商业场合之外，知识咖啡馆和知识博览会还有其他重要的用途。我和我的孩子、家庭、家族、董事会以及办公室之外的团队都组织过知识咖啡馆活动。我设计了一场咖啡馆活动，在开发人员和安全运行之间找到中间地带。我还利用知识咖啡馆寻找解决方案、打破信息孤岛、确定项目和计划的最佳实践、与不友好的利益相关者相处、处理复杂的关系、进行团队建设，分享创新想法等。

示例：组织咖啡馆活动了解企业知识

作为一名战略项目经理，当我想浏览我们的组织想要了解的知识管理的各种元素时，我知道我需要组织一场知识咖啡馆活动来与组织中一些部门的知识经纪人进行交流，尤其是人力资源、信息管理、通信、图书馆和信息科学、战略等部门的员工。这些利益相关者拥有大量的组织知识和智慧，他们了解知识交流的过程、信息、技术和知识管理的内容。这类知识咖啡馆活动的目的非常清晰，即识别组织中较为活跃的知识管理元素，并对其进行排名。

常规的知识咖啡馆中可能出现的问题

这种简单的调查知识咖啡馆的活动可以用来回答以下问题：

- 你在公司中扮演什么角色？
- 你所在的领域正在发生哪些变化？
- 我们如何共享信息和知识？
- 有哪些知识管理的最佳实践？
- 如何提高知识交流的速度？
- 哪些系统在滔滔不绝地诉说，而不是相互沟通？
- 知识孤岛在哪里？
- 我们如何打破知识孤岛？
- 打破危险的知识孤岛、保留好的信息孤岛的最佳做法是什么？
- 可以找到和访问哪些信息？注意：我们可以获取知识，但需要搜索信息。

开发企业知识管理战略的咖啡馆

你或许只是为了好玩，或者是为了进行知识交流和知识连接而组织了知识博览会和知识咖啡馆活动。但你需要做的还远不止这些，你更需要激励整个企业形成知识交流和转移占主导地位的环境和文化。此外，若需制定企业的知识管理战略，你还需要做到以下几点。知识咖啡馆活动可以便于让具有组织知识的某些知识领导者和业务单位访问组织中已经存在的知识管理元素或活动，并对其进行排序。这些要素将有助于企业制定知识管理战略并组织知识咖啡馆活动，但每个组织和环境都有其独特的特点，所以你不必完全按照以下的方式行事。

企业战略可能采取的行动

1. 确定目标和目的。

① 审视组织的知识管理要素，对要素和活动进行排序。

② 确定知识管理的实践和活动，继而实施企业的战略。

③ 识别资源需求和促成因素。

④ 制定指标和评估方法。

2. 与利益相关者进行沟通，共同规划知识咖啡馆活动。

① 决定是否需要复杂的道具或设施。

② 确定举办的日期，选择一个方便的地点。

③ 为受邀者设定目标。按照惯例，邀请 20~30 位思想开放、有共同兴趣的咖啡爱好者。我曾经在一次咖啡馆的活动中招待过大约 100 位有求知欲的参与者。

④ 制定咖啡馆活动的议程（把它分成几个部分）。

⑤ 设计咖啡馆活动中要讨论的问题。这些问题需能解决知识管理活动和实践的相关问题，并符合与会者的共同利益。

⑥ 将问题按照从 0 到 5 的等级进行排序。0 表示不涉及知识管理元素；1 表示随机应用知识管理元素；5 表示知识元素已完全融入并部署到整个企业。

3. 实际行动，或者在咖啡馆中应该开展的活动。

① 给与会者几分钟的互动时间，简要介绍组织这次咖啡馆活动的目的，并根据此前提出的问题将咖啡馆活动分成若干个环节。

② 分享与会者们的联系方式，方便在咖啡馆活动结束后与会者们能够保持联系，交换邮件和其他有用的联系信息。

③ 介绍与会者。在一个超过 30 人的大型会议中，为了节省时间，可让与会者在会议桌上进行自我介绍。我曾经组织过一场有 67 人参加的知识咖啡馆活动，要求每位与会者简单介绍自己的姓名和所代表的业务单位，整个过程只持续了大约 7 分钟。鉴于这只是一次简单的咖啡馆活动，不需要所有人都做冗长的自我介绍。我们播放了一个 90 秒到 2 分钟的简短视频来介绍此次活动的主题，讲了一个笑话，说了几句打破僵局的开场白。

④ 确保有源源不断的热饮或冷饮（咖啡和茶）供应，确保会场有持续的灯光和音乐。在虚拟咖啡馆的活动中，玩笑就是最好的咖啡。但是，你不需要亲自端上饮料或零食。

⑤ 在开头介绍此次活动的目标或目的。

⑥ 让与会者熟悉咖啡馆活动的基本规则，提出供与会者讨论的问题，然后让他们回到各自的小组中进行交流。每组指定一位记录员。

⑦ 小组或各桌的与会者共同阅读要讨论的问题。在找到了能够回应与举办此次咖啡馆活动的目标相关问题的解决方案或答案之前，始终重复这个过程。鼓励每位与会者在小组中进行分享和参与。

⑧ 召集所有小组的成员参与全体会议，展示各小组收获的新想法。

⑨ 召集各小组进行总结。

⑩ 收集书面的摘要或请记录员将摘要发送至你的邮箱。

⑪ 在咖啡馆的所有交流结束后，介绍与会者达成的若干共识。咖啡馆取得了什么样的结果？后续有何计划？我通常会对咖啡馆的与会者进行现场调查，从而了解他们接下来的计划，以及他们是否想再次参加咖啡馆活动。已经有超过 93% 的与会者表示他们想要再次参加知识博览会和知识咖啡馆活动。

4. 在咖啡馆活动结束后，向与会者和那些无法到场参会的人发送总结以及下一步的行动计划。综合大家的观点制定组织的知识管理政策。咖啡馆中总结出的要素排名以及对这些要素的分析，能够为制定企业知识管理战略提供指导。

5. 吸引与会者再次参与咖啡馆活动。

6. 更新自己的个人知识登记册。

7. 执行后续的行动。例如，制订预算、后续行动的详细计划、时间表和沟通计划。可以通过与关键的利益相关者再次组织咖啡馆活动来确定上述事宜。

初学者将知识管理制度化的步骤

如果你认同知识管理的概念，并负责组织内知识管理制度化的工作，你或许可以采取以下步骤。

1. 了解知识管理，摸索知识管理的技术或元素，如知识博览会和知识咖啡馆。

2. 举办知识博览会和知识咖啡馆活动。

3. 与潜在的赞助商或支持者碰面。当你努力想要转变工作场所的知识管理环境时，最好是在认同知识管理文化的高管的支持下完成，并确保获得组织中重要的利益相关者的支持。没有高层管理人员或赞助商的支持，几乎不可能改变组织的文化。

只有在没有强制命令或管理的情况下，才能真正落实知识管理的方法。美国国家航空航天局戈达德太空飞行中心的首席知识官摩西·阿德科（Moses Adoko）博士将其称为联邦方法。组织中的每个分支机构或部门都有其独特的特点，所以应该根据自身的环境去定制知识管理实践。知识咖啡馆是一个团队思想的发射台，不应成为发布指令性命令的场所，而应该围绕问题或热点问题召开的会议，欢迎每位参与者表达自己的意见。知识咖啡馆应该被营造成一个易于进行反向指导的空间。

4.4 知识咖啡馆讨论的问题的重要性

知识咖啡馆是一个化繁为简的活动，它不仅仅是参与者分享知识的活动，也是识别、获取、分析、创造和复兴知识的活动。

咖啡馆中所讨论的问题是为了碰撞出令人惊叹的答案，答案永远不会比问题更重要。因此，咖啡馆中所讨论的问题必须是参与者共同感兴趣的问题。当知识的载体、创造者和用户聚集在咖啡馆时，大家都期待这些答案能够创造出新的知识。所有参与者都知道自己即将受到挑战，也期待过时的知识能被取代，还会因为碰撞出新知识而倍感兴奋。组织知识咖啡馆活动能够将文化范式发展成知识生态系统。

创建咖啡馆空间的建议

与一位和你同样关注企业内部知识和信息共享问题的同事进行交谈。探讨以下问题：

- 你对分享自己的知识有什么看法，同意、犹豫，还是感觉被欺骗了？
- 在我们的组织中，你在哪些方面发现了知识管理活动，例如知识共享和转移？
- 你是否能够方便地找到工作所需的信息？
- 如果你想与面临相似项目挑战的其他专业人士相互学习，该如何与他们取得联系？
- 你是否有时希望与年轻的专业人士分享自己的经验？是否愿意参与反向指导，即由年轻的专业人士向年长的专业人士分享他们所知道的知识？你是如何做到这一点的？
- 我们能做些什么让自己变得更聪明，而不只是在项目和计划中重复工作？
- 讨论知识共享的工作场所将如何使组织有机会储备后备力

量，提升组织的效率和活力。

- 我们如何利用知识共享的氛围来创造一个增进学习、合作的空间，并帮助组织获得竞争优势？
- 我们可能会失去哪些关键任务知识？应该采取什么样的预防策略？
- 我们的组织如何知道组织内的知识工作者掌握了哪些知识？或者如何知道是否需要进行知识盘点？我们又该如何知道我们知道了哪些知识以及需要知道哪些知识？
- 我们如何绘制出组织的知识地图，以此了解不同的技能、经验、专业知识和能力存储在组织的哪些位置？以及为什么我们应该知道这些知识？
- 我们的组织为了获取知识资本，从而进行了知识共享、知识复兴和创造新知识，具体都采取了哪些措施？
- 当你知道自己即将离开拥有丰富经验和专业知识的公司或部门时，你有何感想？
- 你认为通过获取和分享这些知识，我们是否能取得进步？
- 谁将是组织知识咖啡馆活动最大的赞助者或拥护者？
- 你认为谁会成为企业知识管理的拥护者或赞助者？
- 我们如何以及何时开始进行知识管理讨论，以便在咖啡馆式的会议上了解已经掌握的知识？
- 用自上而下的方法组织咖啡馆活动是行不通的。我们怎样才能使知识咖啡馆活动更有活力？
- 列出你认为将受益于知识咖啡馆的所有知识工作者。
- 每个人都很忙，所以我们如何以尽可能轻松的方式实现知识转移？

- 我们并不是想发起一项“复杂怪异的”活动。如何让咖啡馆活动尽可能的简单？
- 我们如何评价和展示成功？
- 我们何时组织第一次知识咖啡馆活动？

咖啡馆中可能讨论的问题

在你组织的知识咖啡馆活动中开始讨论以上问题或类似的问题。我建议在咖啡馆活动中尽量讨论开放式的问题，“是或否”的问题仅适用于调查时提出。知识咖啡馆的美妙之处在于它是一个对话的咖啡馆，而不是一个辩论的空间。

当你考虑组织咖啡馆活动或进行知识管理项目时，可以反问自己和其他重要的利益相关者以下这些问题：

- 当你分享自己的知识时，是否会感到充满力量？还是有一种被欺骗的感觉？
- 你认为组织中的哪些地方会发生知识管理活动（如知识共享和知识转移）？
- 组织的知识管理战略是什么？
- 你认为实施知识管理项目的首要任务是什么？
- 在组织进行的知识交流活动中，面临哪些代际挑战？
- 我们如何分享禁忌信息？
- 是什么在阻碍信息和知识的自由流动？
- 如何维护或确保内容可重复使用？
- 安全与协作之间的平衡在哪里？
- 组织有什么知识传承计划？

- 组织如何成为学习型组织？
- 组织如何防止人才流失？
- 透明度和知识共享之间是否存在矛盾？
- 你如何提高组织的效率和弹性？
- 如果我们向你证明，在知识管理方面的投资能够带来明显的附加价值（400% 的投资回报率），你是否会投资？
- 如果知识管理提高了组织的效率、绩效，获得了竞争优势，那么这些会满足业务案例的需求吗？
- 知识流失的后果是什么？实施知识管理计划的原因是什么？
- 哪里存在着知识孤岛？知识管理项目是否有助于打破知识孤岛？
- 在领导和管理各类项目时，我们如何平衡知识管理的人员、流程、内容和技术组件？
- 你是否支持员工与遇到类似项目挑战的其他专业人员进行沟通，从而相互学习？
- 你是否希望与更年轻、经验较为欠缺的专业人士分享你所学到的知识？
- 分享已获得的知识或为项目和程序开发新的流程是否是一种更为明智的做法？
- 你是否相信知识共享的工作环境能为组织提高效率和弹性，以及储备后备力量？
- 你认为知识管理是减少项目知识流失的有效策略吗？
- 你认为有必要进行知识盘点吗？
- 你是否有兴趣了解组织最好的想法、技术和专业知识都存储于何处？

- 组织是否已经绘制了知识地图？
- 你如何处理因知识工作者退休或工作流动而出现的人员急剧流失（每天 1.1 万人）现象？
- 你能否在组织的高层领导者中引发关于知识管理的讨论，从而更好地了解组织愿意为了建设知识社会采取哪些措施？
- 如果今天组织一次知识咖啡馆活动，谁会是关键参与者、拥护者和可能的受邀者？

2019 年，我代表数十个公共和私营部门组织在一个全国性的研讨会上发言。与会者来自美国 50 个州的交通部门、研究和教育机构以及私营部门，75% 的参与者没有学习过正式的知识管理课程。许多人或许想等待一切就绪后再开始行动，但事实是永远不会出现所谓的理想状态。所以，现在就开始行动吧！

4.5
知识咖啡馆中沟通和促成协作的因素

项目经理 90% 的工作是沟通。知识咖啡馆中的交流以好奇、开放、知识连接和互惠的知识交流为主要特征。组织知识咖啡馆活动的目的是开启开放式的对话，确保项目和组织获得成功。因此，组织知识咖啡馆活动是为了交流和欣赏组织中的集体和个人知识。

知识咖啡馆中的语言和交流是营造知识交流和转移环境的必要成分。适当的沟通和语言才能促成有效的社交活动，并影响人们对概念和对象的理解，以及影响人们对交互式的社会学习和知识交流的反应。

在理想状态下，知识咖啡馆应该坚持对话的原则，这有助于创造一个有利于开放对话和学习的轻松的、非正式的环境。不能出现对抗性和威胁性的因素，因为知识咖啡馆是一个进行知识管理（知识获取、组织、交流、共享和转移）和头脑风暴的地方。此外，知识咖啡馆也对技术进行了探索和发展，从而使实践社区和其他参与者能够应用所学到的东西。知识咖啡馆的关键价值在于个人能够学到的东西以及对话本身。知识咖啡馆能够释放集体智慧的力量，激发参与者的求知欲，吸引他们再次加入咖啡馆活动。

协作工具

什么才能促进协作？面对面的形式才能促成最有效的知识咖啡馆活动。但除此之外还有一系列的替代方案，有些工具不会产生任何的费用。但不管是什么工具，参与者才是知识咖啡馆最重要的因素。

- 视频会议工作：Zoom、网讯（WebEx）、会议通（GoToMeeting）、Microsoft Teams、Skype、Flowdock、Slack、谷歌群聊（Google Hangout）、HipChat、Flock、Brief、Facebook Workplace、Chanty。
- 协作工具：Igloo、谷歌文档、协作白板、Codingteam。
- 项目和任务工具：ProofHub、Redbooth、微美（Wimi）、Monday.com、Asana、Dapulse、Milanote、Trello 看板。
- 其他工具：多宝箱（Dropbox）、印象笔记（Evernote）、思维导图（MindMeister）、Bannersnacks、Adobe XD、GitHub、在线办公、Bit.ai、Hightail、谷歌硬盘（Google Drive）、

Salesmate、Freshconnect、Acquire。

我曾经向大卫·古尔滕展示过我的知识咖啡馆，并询问他对我的版本有什么看法。

知识咖啡馆是一个协作空间、一种思维方式、一个非结构化的知识转移工具，借此点燃和唤醒彼此的思想，所有参与者离开时都能收获新的知识。知识咖啡馆既可以在办公室或其他地方举行，也可以在视频会议平台中举行。

以下是大卫·古尔滕的回应：

“知识咖啡馆不仅是一个合作的空间，也是一种思维模式。它可以用于许多不同的目的。其中一个用途是作为结构简单的知识转移工具，让每个参与者都可以用自己的方式向其他人学习。知识咖啡馆既可以在办公室或户外的场所举行，也可以在 Zoom、网讯和 Teams 等视频会议平台上举行。它与演讲式的知识分享形式完全相反。在知识咖啡馆里，每个人都有权发言且每个人的发言都很重要。”

所以，知识咖啡馆为相互联系的人提供了合作的空间。作家史蒂文·约翰逊（Steven Johnson）受邀参加 TED 演讲就“如何构想出好的想法”的话题发表演讲时总结道：“机遇青睐有准备的人。”创新和发明是网络和联系的产物，而不是一种偶然发现或在会议汇报时的产物。知识咖啡馆力求实现连接、沟通和对话。当前是知识革命中最不寻常的时代之一，人们正在逐步打破学习与知识获取之间的界限。大多数创新都来自一杯又一杯的咖啡碰撞出的一个又一个想法。

知识咖啡馆是一种思维模式，交流也没有界限。例如，根据 2014 年美国《国家公路合作研究计划 20-68A》的报告显示，“埃森哲咨询公司在其知识交流门户网站上有超过 1 500 个在线实践社区，人们通过虚拟小组不受地区和组织限制地建立联系、相互协作、与同行和专家联系、学习特定主题或实践领域的最新想法。”

知识咖啡馆完全不同于演讲式的知识分享形式。知识咖啡馆发生在需要组织它的地方，发生在需要提升思想交流、对话、学习和知识交流的地方。2020 年，由于新冠肺炎疫情而隔离的期间，每个人都只有一种学习和知识交流的方式，每天都只能进行线上的会议和学习。这将是学习和知识交流和转移的未来，知识工作者也已经摆脱了实体场所的限制。世界各地的图书馆都在遵循这种知识咖啡馆式的交流趋势。

在突发事件中组织的知识咖啡馆

- 联系员工、专业人士和知识工作者
- 将复杂的东西简单化
- 改善人际关系
- 打破组织的知识孤岛
- 提高信任
- 促进新想法的产生、创新和知识共享
- 发展实践社区
- 提高转移的参与

若想使咖啡馆活动成为一次有意义的活动，我们必须提前做好准备。根据法国生物学家路易斯·巴斯德（Louis Pasteur）的说法，根据观察得到的经验，机会只青睐于有准备的头脑。

梯形沟通在知识咖啡馆中的重要性

在几何学中，梯形是只有一组对边平行的四边形。梯形最好的地方在于，它既不是矩形，也不是正方形、圆形、三角形，而是一个被切掉了一角的等边三角形，形成了上下两条平行线。知识咖啡馆欢迎所有参与者表达自己的观点，由团队共同决定采用哪些观点。梯形沟通意味着沟通既有基础，又有高度，虽然所有参与者的高度不尽相同，但大体相似。尽管每位参与者的知识水平并不相同，并且每个人都有自己的独特性、视角、熟练度和高度，但知识咖啡馆的基础是知识交流。每一位知识工作者都为咖啡馆的规模做出了贡献。咖啡馆的平行结构体现了观点和思想的结合（符合知识文化）、承诺（承诺共享知识）和等距（在组织内部开会），借此实现知识交流和转移以及知识的复兴。在这里，每个人都乐于交换。

表 4–1 和表 4–2 列举了我组织的知识博览会和知识咖啡馆中的典型菜单（议程）。为了实现双向的沟通，我专门进行这样的设计。但这只是我的建议，并不是唯一的方式。

表 4–1　知识咖啡馆活动的议程

主题：知识咖啡馆——构建知识管理文化的实践社区。知识咖啡馆分为四个部分。
第一部分 ● 介绍、阐述值得学习的主要创新思想。 ● 概述知识管理和实践社区：实践社区 1、实践社区 2、实践社区 3 和实践社区 4。 ● 收集试点实践社区的发言。 ● 问答环节。

续表

第二部分 ● 问题：在你的组织中，知识管理、技术和工具分别是什么？现在采用的绘制知识地图的方法是什么？ ● 小组头脑风暴和讨论。 ● 各组总结。
第三部分 ● 问题：打造知识文化——在组织中进行知识共享的障碍是什么？如何克服这些障碍？ ● 小组头脑风暴和讨论。 ● 各组总结。
第四部分 ● 问题：你是否了解如何建立实践社区？知识框架、获取方法、转移方法和挑战分别是什么？ ● 小组头脑风暴和讨论。 ● 各组总结。 ● 全体总结、结束语和后续计划。

表 4-2　知识咖啡馆活动的议程

主题：为方便在新冠肺炎疫情期间开展工作而获取和寻找信息及知识。知识咖啡馆活动通常分为四个部分，时长约 2.5 小时。
第一部分：该部分的关键在于热情地欢迎所有参与者（介绍举办知识咖啡馆的目的和知识咖啡馆的基本规则、小组讨论和总结）。 ● 欢迎（2 分钟）。 ● 播放一段短视频，介绍一个预计在 3 年内完成但由于新冠肺炎疫情而在 3 周内完成的数字化项目（2 分钟）。 ● 互动调查（4 分钟）。通常情况下，我会把互动调查的内容发给与会者，从而获得他们对一些问题的意见，如与主题相关的“是或否”的问题，满意度和改善知识管理和知识咖啡馆活动的方法。

续表

- 介绍（3 分钟）。注意：如果参与者超过 30 人，那么最好各小组自行组织个人介绍。根据具体的情况决定需要参与者介绍多少内容。如果是一次创建联系的咖啡馆活动，可以花更多的时间供参与者加深对彼此的了解。
- 知识咖啡馆的目的和基本规则（2 分钟）。注：应在与会者参加之前就已告知其参会的目的。
- 概述上一次知识咖啡馆活动（2 分钟）。
- 用 5 分钟来展示介绍数字化在知识中心型组织中的作用（5 分钟）。注：咖啡馆的目的是进行互动和双向交流，所以，不鼓励单向的沟通。
- 引导各组进行分组讨论（2 分钟）。

咖啡馆 1：居家办公和远程办公给共享知识、互动和合作带来了新的挑战。如何在数字化的企业中推行知识管理？如何获得管理项目、程序和操作所需的信息？如何优化过程并丰富知识用户的体验？（30 分钟）。注：与会者可以在 15 分钟后参与其他小组的讨论。

- 3~7 名与会者的总结和笔记（5 分钟）。
- 专家发言。注：有必要请在这方面做得较好的团队分享他们学到的经验教训（3 分钟）。

休息时间：10 分钟。

第二部分

- 破冰问答（4 分钟）。
- 引导各组进行分组讨论（2 分钟）。

咖啡馆 2：如今，人们很难进行面对面的合作。你是否在知识管理的过程中忽视了人的因素？你采取了哪些措施确保自己的项目实现了同等水平的协作和人机协作？（20 分钟）

- 3~7 名与会者的总结和笔记（5 分钟）。
- 专家发言。注：有必要请在这方面做得较好的团队分享他们学到的经验教训（3 分钟）。
- 问答（3 分钟）。

第三部分

- 破冰（2 分钟）。
- 引导各组进行分组讨论（2 分钟）。

续表

咖啡馆 3：为了获取和管理组织的知识，你付出过哪些实际行动？如何通过知识访谈和维基知识库分享自己的经验，以及如何使获取的知识富有查找性和可发现性（15 分钟）。 ● 3~7 名与会者的总结和笔记（5 分钟）。 ● 专家发言。注意：当有在这方面做得较好的团队分享他们正在学习的经验教训时，专家发言是其中非常必要的环节（3 分钟）。 ● 问答（4 分钟）。
第四部分 ● 今天我们学到了什么和没学到什么？（2 分钟） ● 可以应用今天学到的哪些内容？（2 分钟） ● 最终调查（2 分钟）。 ● 后续有何计划？（2 分钟） ● 维基知识库、实践社区和其他知识管理会议和资源（2 分钟）。 ● 全体总结，结束语（2 分钟）。 **其他问题：**如何最好地获取关键知识？如何增加这些信息和知识的可寻性和可发现性？如何确保需要这些组织知识的人在需要的时候能够获得这些知识？

每场知识咖啡馆活动都聚焦于知识管理项目的某个方面，例如知识盘点和制图技术、知识框架、获取方法、转移方法、安全和记录管理的作用、技术推动者、组织和规划问题、风险管理集成，以及知识管理元素、工具、技术。

4.6
案例研究：4 岁扫地，干扰和知识转移偏好——阿玛拉·安尼乔

背景

我的女儿阿玛拉·安尼乔（Amara Anyacho）今年 14 岁，非常聪明。我们经常会过所谓的“父女节”。形式与咖啡馆会议类似，但并没有正式的流程。在我与女儿之间的一次咖啡馆对话中，我问她：“亲爱的，你喜欢如何分享和转移知识？”她想了想我的问题，然后回答说：“爸爸，你是说我学习东西的最佳方式（学习偏好）吗？”我回答说：“学习是获取知识的一种方式。”她接着向我解释说，她更喜欢看短视频或说明书。

以下是她的知识咖啡馆故事：

我喜欢向别人学习，你或许并不喜欢我学习的方式，甚至会为此感到生气。比如，我更喜欢通过看视频或阅读说明书的方式向他人学习。我不喜欢别人在背后议论我。我无法在一个有人纠正我、监视我的环境中学习。我依然记得在我 4 岁的时候，爸爸教我怎么扫地。他示范了之后，当我拿起扫帚开始扫地时，他就拿起扫帚告诉我正确的扫地方法，并且一直纠正我，我每扫一下都会被他纠正，于是，我讨厌扫地！我宁愿看视频学习，这样就不会有人在身后监视我。我喜欢简单地听从指示。我所有的

> 朋友都是这样的，我们宁愿轻松地听从指示，也不愿因为别人不让你做你该做的事而生气。

阿玛拉还指出，受让方或接收者可以控制知识传递方的情绪。例如，你可以关闭或暂停视频，回头再继续看，但如果知识传递方就在你面前……毫无疑问，知识转移的过程会缺失一个环节，即没有考虑知识使用者和创造者的偏好，甚至是学习偏好。因此，我们特别为项目经理制订了沟通管理计划，作为总体项目管理计划的一部分。在该计划中，项目经理需要确定所有涉众的沟通偏好、沟通方法和渠道，从而确保能根据各自的沟通偏好与众人进行沟通。

在知识转移的环境中，没有放之四海而皆准的方法。我将在后续的章节中讨论我所提倡的知识转移计划。知识转移计划能够识别出所有的知识创造者和用户以及他们在共享和转移知识方面的偏好。与沟通管理计划一样，知识转移计划的目的是明确定义项目、计划或团队的知识转移和沟通需求，也能进一步确定信息的传播方式，最重要的是，它可以确定过程性知识经验（或深度智慧）的传播方式。知识转移计划也会定义团队和企业的知识转移流程。此外，知识转移计划还能确定任何代际、技术或其他内部或外部的约束条件，这些约束条件会影响知识转移的自由流动和知识在团队或组织内部的自由流动。

虽然时间已经过去好几年了，但我依然记得我第一天在得克萨斯州 ITT 技术学院奥斯汀分校从事兼职讲师工作的经历。当我在市场营销管理课上介绍课程的第一部分时，我发现台下 80% 的未来领袖都在看手机。我开始以为他们是藐视我，于是我噘起嘴问为什么每个人都在玩手机。他们回答说，这对他们来说很正常，他们虽然在看手机，但依然也在听课。但对我来说，这太荒谬了。我发布了一个简短的测试来确定他们的投入程度，你或许不会相信，他们竟然通过了测试，这也证明他们的确是在听课。这其中存在着代际和知识转移偏好的差异。为什么我打电话让孩子们到楼下，他们通常会不接电话，但如果我给他们发个短信，他们很快就会回复？在我读大学的时候，我通常坐在教室的第一排，留意教授说的每一个字。我的字典里不存在多任务学习或知识转移。这难道就是新的知识转移偏好吗？

知识创造者和用户的知识转移偏好决定了知识转移关系的复杂性、密集程度和相应的知识咖啡馆的风格。知识领导力决定了某个具体个人、团队和整个组织适合何种知识转移方式。在知识经济中，信息和知识的可获取性、可发现性和继承性是知识工作者赖以生存的基础。

关于知识博览会和知识咖啡馆技术需要了解的事项

若采用知识博览会和知识咖啡馆作为知识管理技术，我们需要了解以下事项：

- 为知识工作者提供交流的平台。
- 一个能辅助知识工作者的数字和实体协作平台（非正式），特别是它应该能帮助知识工作者识别协作的机会。
- 一个能够发现、讨论和传播有价值的信息和知识活动的场所。
- 为实践社区和其他知识管理技术提供一个聚集、回顾、讨论和决定策略方法的空间。

- 一个能够收集成功的和创新的知识管理最佳实践信息的论坛。
- 一个可以进行知识管理学习并鼓励采用合理的知识管理实践的场所。
- 提供一个关于知识管理选择和方法的对话论坛。
- 鼓励参与实践社区。
- 共享实践社区的资源，相互学习。
- 培养知识管理能力。
- 促进知识管理与组织知识文化的整合和实施。
- 创建知识管理标准的平台。
- 提供材料和资源，鼓励实施知识管理的最佳实践。
- 建立定性和定量的指标来追踪整合情况和知识管理实践的效果。
- 传播行业最佳实践和案例研究。
- 为市场提供材料和资源，支持知识管理活动的实施。
- 为开展外联工作，制订沟通和外联计划。
- 评估成员机构的知识管理能力，并找出加强实践效果的机会。
- 准备关于知识管理指标和结果的年度报告。

第5章

咖啡馆革命中的知识工作者

本章目标

- 了解知识工作者在咖啡馆中的作用
- 了解致使知识工作者对知识交流冷漠的原因有哪些，以及为什么共享精神能够为知识管理营造适宜的环境
- 了解为什么分享和给予的精神是咖啡馆中的主流文化

5.1 咖啡馆中的知识工作者

在数字时代，领导者必须尽力使每位员工都成为知识工作者。

——比尔·盖茨

知识工作者既不是农民，也不是劳工，更不是商人。他们是组织中的员工。

——彼得·德鲁克

知识工作者是知识的创造者和使用者。每一个员工和每一个利用知识工作的人都是知识工作者。虽然知识工作者因为各种原因聚集在实体的咖啡馆中，但目的都是进行知识交流。每一位

知识工作者都依靠信息的自由流动来完成他的工作。让我们一起走进咖啡馆中开始讨论吧！一起交谈，一起头脑风暴，一起分享知识，围坐在一起分析我们所掌握的知识。此外，我们还需结合具体的情景来分析所掌握的信息。咖啡馆活动中是否涉及人的因素？我们能否讨论所学的知识？咖啡馆的追捧者俨然已经成为“分享”的代名词。

几年前，我管理过一个项目，需要整理项目资产、过程和政策。我搜索了内网的经验教训资料库，发现每个团队都有各自从知识咖啡馆获得的经验教训和新知识的资料库。随后，我在组织的内网中搜索项目模板，结果令我大吃一惊，或许也会出乎你的意料——竟然有超过 10 000 条搜索结果，但就是没有项目模板！有时候，我们感觉自己游走在一个漫无边际的沼泽或池塘里。这个比喻完美地定义了知识工作者最不应该采纳的知识管理方式。知识管理是为了让知识工作者感觉自己身处一条流向清晰的河流中，既有方向，又有清晰的感知。之所以出现仿佛身处沼泽的情况，会不会是因为我们将知识文档分散储存在众多资料库中，而没有管理文档中记录的知识？似乎我们并没有像指南、最佳实践或维基知识库一样，将所获取的知识进行标记、整理、过滤、评级、排列、整合或组合成新的文档。

为什么组织管理和利用知识管理信息的方式不能像浏览亚马逊的网站一样，只需花几分钟的时间，简单的三个步骤就能找到自己喜欢的书？或者像大多数网上银行那样只需进行简单的操作？项目、计划和操作信息需要经过妥当分析并存储于恰当的资料库之中，从而帮助知识工作者找到他们需要的信息，进而更快、更明智地做出决策。为了找到与我管理的项目相关的模板，我访问了项目管理协会的网站，虽然也找到了一些不错的模板，但对我的项目来说过于宽泛；另外，我的组织中已经有人制定了一份较为完善的模板，我可以根据我的项目进行个性化的修改，这样就无须再经历搜寻信息的挫败感。我只需要完成项目分内的工作，从多个资料库中梳理经验教训、工具和模板的额外任务超出了我的项目范围，也超出了我的项目需求。一个活跃的、易于访问的中央资料库就像一个咖啡馆，每个知识代理人或用户都可以聚集在此交流彼此的知识。

假如知识工作者养成了咖啡馆的思维模式，也会传递出咖啡馆式的信息。就好像我们创造了一个知识管理的环境，在这种环境下，组织已经发展成一个几乎全部由知识工作者操控的决策工厂。然而，很少有企业会为了应对持续的快速变化，组织知识工作者快速、有效地进行决策。知识工作者在不断发展的项目交付环境中和项目经济中创造了未来的工作空间。

虽然我最终确定了自己的项目管理模板，但几周后我就发现组织中的其他知识用户也创建了类似的模板。在信息自由流动的环境下，知识工作者能够取得最好的工作成果。这也激发了我的热情，想要推动知识使用者进行信息使用方式的范式转变。事后看来，我们需要根据不同的资料库、内容、组织、管理和索引，分别组织不同的知识咖啡馆活动。一旦形成了咖啡馆式的关系型思维方式，知识工作者只需点击一两下鼠标就可获得相应的信息。

这段经历不禁让我反思，为什么整个组织中缺乏或压根没有知识和信息的流动。毫无疑问，准确的数据是获取正确信息的基础，组织只有借助正确的信息才能做出正确的决策。因此，我们必须要确保知识和信息在组织中能够自由流动。在大数据和信息过载的时代，检索正确的信息已然成为一项艰巨的任务。许多员工浪费了大量的时间去寻找和检索信息，从而获取他们工作所需的知识。所以，知识咖啡馆恰恰能够帮助员工找到工作所需的知识，每位员工都能在知识咖啡馆中互通有无。

微软委托弗里斯特咨询公司所做的研究《将人工智能的价值延伸到知识工作者》(*Extending the Ualue of AI to Knowledge Workes*) 显示，“知识工作者依赖于信息的自由流动。通常情况下，当知识工作者无法获取自己需要的信息时，他们会做出影响整个公司的糟糕决定。知识工作者如果能够根据实际情况恰当地分析图表信息，能够借此获取更快做出决策所需的信息，就能更容易找到相关专业知识，并更自信地做出决策”。坦白说，虽然不完全是出于知识共享的目的，但微软专门计算了人工智能在支持决策和情境化方面的价值，并了解人工智能是如何帮助知识工作者的。

每个人都是知识使用者。项目经理和所有的知识工作者都是项目信息和知识的使用者，这就是为什么我们需要让所有人都养成咖啡馆式的思维模式。项目管理学院战略顾问、哥伦比亚大学专业研究学院的高级讲师埃德·霍夫曼（Ed Hoffman）博士曾说过一句格言：“人，人，人。”人才是知识管理计划中最关键的因素。

知识用户是知识经济和知识社会的参与者，而知识咖啡馆提供了适宜交流知识和想法的环境。知识用户在咖啡馆中扮演着双重角色，他们一方面在工作任务中应用知识，另一方面又为企业的知识内容贡献了自己的专业知识和洞察力。通过识别、捕获、使用、重用、获取、组织、交流、共享和创造新知识，知识用户自身也在被影响着。

德勤全球所做的一项调查显示，德勤超过 80% 的知识用户表示，分享知识可以带来竞争优势，并真正提高组织对客户的价值。此外，“知识管理仍然是影响公司成功的三大问题之一。随着新冠肺炎疫情的肆虐，员工被迫分散在家中或其他的工作场所里，知识管理也因此变得尤为重要。但只有 9% 的商业领袖认为自己已经做好了实施知识管理的准备”。例如，“可持续竞争优势是指知识管理的基础设施、知识的质量、知识管理系统的属性、组织环境、任务环境和总体环境的功能”。当你分享知识时，就会释放创造力和价值。知识分享有其自身的影响力！知识工作者是组织宝贵资产的一部分，而人力资本才是一个组织最关键的知识资产。

一个公司超过 80% 的信息都只是存储于每位员工的硬盘和文件夹里。

——高德纳公司

一些员工认为，分享知识需要他们做额外的工作。因此，他们认为向其他知识用户提供信息或将自己的知识转移给他人简直是浪费时间。有些人认为信息或知识能够保证自己对他人的优势和地位，或者这些是自己控制和操纵他人的工具。经验存在于人（员工、客户、供应商、其他利益相关者）和技术之中。组织的劳动力、数据库、文档、指南、政策和程序、软件和专利是组织储存知识资产的资料库。

保留和重用我们提供的产品或服务中的知识以及顾问提供的知识，能够提高产品或服务的价值。知识存在于项目或运营参与者之间的关系中。咖啡馆活动的丰富性和深度以及共享的知识决定了一个团队的实力。组织的记忆和过程资产，以及运营过程中的知识，正好能够回答“我们知道我们掌握了哪些知识吗？”和“我们知道我们需要掌握哪些知识吗？”这两个问题。

一个高效的组织践行知识管理是为了提升组织的知识能力。知识能力处于自由放任主义和结构主义的中间地带，对组织培养、分享和转移专门知识提出了新的能力要求。知识咖啡馆模式是一种灵活的知识管理方式，你可以想象知识咖啡馆中会是一种怎样的氛围。

5.2 案例研究：咖啡馆中的移情、参与和知识交流——蒙特·鲁芬格

密西西比大学医学中心的高级 IT 项目经理蒙特·鲁芬格（Monte Luehlfing）博士撰写了这部分的案例研究。以下是他的经历。

知识转移对当下多代人共同工作的环境至关重要，工作形式正朝着以项目为基础的角色转变，全球经济竞争日趋激烈，技术变化的速度也超乎人们的想象。因此，简单直接的流程和互动有助于缺乏经验的团队成员理解企业文化的细微差别，明确自己“我们为什么在此从事这些工作”。团队成员不应该秉持“我们的惯例即是如此”的观点，而应该是“这是我们一路走来学到的东西，我们希望继续利用并持续改进这些最佳实践”。

一般来说，管理项目和变化管理由“人、过程和技术”的“三大支柱”共同支撑。过去专注于技术使我们忽视了工作方式的改变这一重要的视角，以及我们需要如何适应工作方式的改变并

从中受益。然而，害怕改变是大多数人的天性，所以变革的领导者必须与团队成员共同克服这些恐惧，并创造一个接受变革的环境。与那些受变化影响和那些身处知识转移过程中的团队成员共情，有助于我们更深入透彻地理解知识转移“对我有什么好处”。在组织咖啡馆活动的前、过程中和结束后都表现出自己的同理心，有助于团队成员树立成长和富足的心态。一旦树立了富足的心态，就能够促进知识分享自由地发生，而不用担心分享的人会有所保留。所以我们在管理人员流程之前，要先管理人员知识。

培养分享的思维模式

若想培养分享的思维模式，知识工作者必须明白以下三个要素：

1. 同理心。在咖啡馆进行知识交流和思考的过程中要表现出自己的同理心。

2. 过程。简化流程，使所有知识代理人和用户都参与其中。在组织咖啡馆活动之前确立自己的目标和行动计划。

3. 互动。把咖啡馆活动变成一次富有成效的知识互动。

5.3 共品一杯咖啡或茶，或者独自喝完。要么分享，要么丢掉！

咖啡馆式的思维模式为共享知识创造了一个空间。毫无疑问，当我们分享项目、计划或运营中获取的经验知识时，有以下两个关键的推动因素。

分享已有知识："知道自己掌握了哪些知识"

现有知识是获取未来知识的前提。所以，我们要在咖啡馆中分享我们所掌握的知识。甚至连机器也能从现有的知识资产中进行学习。人类需要机器来访问、检索、操作知识，并丰富知识体系。亚历山大图书馆创始人伊斯梅尔·萨拉杰丁（Ismail Serageldin）博士曾在 2013 年表示，没有机器的辅助，新的亚历山大图书馆无法增添新的知识，也无法利用以往的知识。当众人聚集在咖啡馆时，你会惊讶于项目团队竟然掌握了如此多的知识。同时，你还会惊讶地发现我们竟然不知道自己掌握了这么多的知识。所以，我们要分享现有的知识。

用于创新的知识："创造与转化"

现有知识是创造和转化创新的基础。汇集现有的知识也会碰撞出新的知识。想象一下，把不同团队成员的知识拼凑在一起会产生什么样的结果。不出意外，你会发现那些知识的缺口、缺失的环节和新的想法。我们利用现有知识的方式决定了创造力和创新的关系。

仅仅知道自己掌握了哪些知识还远远不够，我们的最终目的也并非发现和转化现有的知识，但它能够在我们分享和观察时储存我们所掌握的知识，并为未来的突破做好准备。知识咖啡馆为我们提供了适宜分享知识的环境，并使我们与未来建立联系。

知识咖啡馆搭建了过去的知识管理体系与未来的知识管理体系之间的连接。五年后，今天的知识或许已经过时，因此很明显，如果我们不学会获取和储存永恒的智慧，人类未来的命运就好像深陷在一个充满新技术的泳池里，尽管拼尽全力游泳，依旧只能停在原地！永恒的智慧永远不会过时。知识咖啡馆的概念是一种关系型的知识共享心态，是一种符合当下的、跨代的、旨在储存和管理相关知识的社会生态系统。

5.4
知识革命：知识共享是新的超级力量

伊斯梅尔·萨拉杰丁博士曾在 2013 年指出，数字革命是人类发展史上最不寻常的革命之一。然而，我们生活在自文字发明以来知识结构变革最剧烈的时期，知识结构的变革已不仅仅停留在交流的层面上了。

> 在 21 世纪，管理学做出的最重要的贡献是提高了知识工作和知识工作者的生产力。
>
> ——彼得·德鲁克

知识工作和知识工作者是组织最重要的资产。一些组织之所以在创新和市场份额方面处于领先地位，是因为它们开展了更多的知识工作以及聘用了更多的知识工作者。它们遵循了这样的创新公式：知识工作者创造新的知识。

知识是否有力量？如果知识被冻结在一些人的头脑中而不与他人分享，那么它就毫无用处、毫无意义，甚至一点也不引人注目！在过去的 20 年里，我一直在探索如何管理项目知识和其他的组织知识，即我们作为一个组织，应该如何识别、获取、共享、保留、利用、适应、转移、重用和创造新的项目和组织知识，并凭借这些知识使组织焕发活力。我发现，由于几代人的退休以及员工的不稳定性，已经造成了大批的技术人员流失。于是我开始意识到，不被分享的知识是被加密的知识，它随着主人的离开一起被封存，这样的知识对人类来说无足轻重，甚至一无是处！知识需要被反复利用，知识应该沿着既有的轨道被重复利用，不应凭空消失！这种知识共享的演变和革命，就是我所谓的知识革命。

弗朗西斯·培根（Francis Bacon）爵士的名言“知识就是力量”，更是阐明了知识的核心重要性。

知识就是力量，但是封存在窠臼的知识，不被分享、不被转移、不被更新，又能产生多大的力量？一部分人的生存和成功依赖于他们所掌握的隐性知识。一成不变的知识就是琐碎且无意义的知识。我们不能等待知识被完善，只有分享知识，知识才会逐步完善！所以，从今天起，写下你所掌握的知识，分享你所掌握的知识吧！事实上，如果知识不被共享，它的组织价值也非常有限。

关于知识管理的客观事实

知识革命提升了知识工作和知识工作者的生产力和产量。专家、研究人员和行业领袖共同认为：

- 知识的获取、共享和保留是当今组织面临的最重要的挑战。
- 你不能强迫人们分享他们的知识，你只需要为知识工作者营造分享知识的环境。
- 知识管理是高绩效组织最大的竞争优势。

- 未来几年，7 600 万婴儿潮一代的退休将为知识的承续带来巨大的挑战。
- 知识管理是一种有益的行为，应该成为组织的战略。
- 在信息经济时代，知识共享是新的王者！
- 无论是私营部门还是公共部门，没有任何组织能不受知识外流带来的影响，实干家、制造商、销售者，或是公私合营的部门都是如此。
- 全球范围内都迫切地需要掀起知识创新管理战略的革命！
- 虽然知识管理就像吃一头大象，一次只能咬一口，但也要从多方面考虑。

有效的知识管理是高绩效组织最大的竞争优势，但如今知识管理对许多组织而言似乎更像是生命支持系统。因此，几年后即将到来的婴儿潮一代的人才流失对组织的知识基础设施可能会是一次相当大的打击。知识管理是一种有益的行为。除了显而易见和不言自明的事实，人们或许一直以来并不完全认同“知识就是力量”这句格言。然而，这种信息和知识共享的知识经济才是新的王者！不论你的机构是私营机构还是公立机构，只要你生产、制造或销售产品，那么你就必须实践以下其中一项或所有行为：创新、增长、改变、聚焦客户知识。知识管理战略正在全球范围内掀起一场革命！知识管理的重要性和紧迫性也在升级。知识管理是一个庞大概念。

当今的时代迫切需要知识项目经理。哈佛商学院工商管理专业威廉·阿伯西内（William Abernathy）教授和多萝西·伦纳德博士发现，由于知识的流失，公司即使没有陷入瘫痪，也处于显著的不利地位。事实上，当专业知识的拥有者符合退休条件时，他们所拥有的专业知识也可能会因此过时或变得无关紧要，但作为关键操作（包括常规操作和创新操作）的基础技能、专业知识和能力则不然。而这些对于企业而言至关重要，企业不能失去这些深刻的智慧。其中一些中小企业已经运营了20多年，早已成为某些特有的关键业务知识的独家保管人。但他们中的许多人已经退休并离开了公司，没有把这些重要的技能传给下一任员工。

另外，根据史蒂夫·乔布斯（Steve Jobs）的说法："创造力就是把事物联系起来。当你询问那些富有创造力的人是如何做一件事的，他们会略感内疚，因为他们并没有真正做这件事，他们只是发现了一些东西。一段时间之后，他们能够验证自己的发现。因为他们能够把发现的东西与自己的经验联系起来，合成新的事物。他们之所以能够做到这一点，是因为他们比其他人更有经验，或者他们根据自己的经验进行了更多的思考。"

创造力，就像知识咖啡馆一样，都是建立起事物之间的联系。知识革命意味着知识的便捷性和创造力，以及可检索性和可获取性。在某些方面，每个人都是项目驱动的个人，但这并不利于过程和知识的识别、转移、重用和创新。知识咖啡馆也是一场知识革命。知识革命的实质是巧妙地应用知识。我们不能孤立地讨论知识革命，因为在这场咖啡馆式的知识革命中，涉及了智力、创造力和智慧。而智力的经典定义就是"获取和利用知识的能力"。

所以，智力很重要，它代表了你收集知识并有效运用知识的能力。创造力是一种超越智力框架、利用看似随机的概念联系起经验的能力。

——坦纳·克里斯坦森（Tanner Christensen）

知识就是力量，但知识共享才是新的超级力量。知识共享决定了知识、创造力和创新的发展。那些高度重视智力资本或集体知识（人的力量、过程和技术）的组织都是最强大的组织，它们注定将战无不胜。这场革命掷地有声地告诉我们，知识资产是组织的所有资产中最耀眼、最宝贵的财富。

5.5 每个人都是知识的创造者，也都能成为知识的分享者

没有知识的人就不算真正活过。虽然我很有同情心，但我也有很坚强的性格，我能控制住自己的情绪。我很少在看完视频后流下眼泪，我甚至可以清楚地数出我在成年后有多少次看完视频后不能自已地流下眼泪的次数。大概有两个视频让我落泪，《耶稣受难记》（*The Passion of the Christ*）和《美国达人秀》（*America's Got Talent*）中柯迪·李（Kodi Lee）的片段。柯迪 24 岁，是一位患有自闭症的盲人歌手。与其说他是残疾人，不如说他是“有知识的”人。虽然他失明了，但他的洞察力丝毫无损。虽然他患有自闭症，但他对数百万人来说，是稳定而不可动摇的知识和灵感的来源。当柯迪的母亲把他带到舞台上时，几乎没有人察觉到这位年轻人的内心蕴藏着那么多的才华和知识。他不仅外表出众，还会弹钢琴，当他开口唱歌时，更是引得台下的观众尖叫落泪。身体残疾并不是知识转移的障碍。柯迪的例子已经证明了，那些在研讨会和会议上说自己没什么知识可以分享的人是多么的荒谬。我们都有可以分享的知识。

如果你不能飞，那就跑；如果跑不动，那就走；实在走不了，那就爬。无论怎样，你都要勇往直前。

——马丁·路德·金

任何事情都阻挡不了你分享的脚步。你的脑海深处蕴藏着丰富的知识，在你进入坟墓之前一定要分享自己脑海深处的智慧！

事实上，有些人的生存和成功也恰恰依赖于你的知识。也许世界上有成千上万的人都依赖于你的知识，不要让他们等得太久。

第6章

知识文化和知识咖啡馆

本章目标

- 探索如何创造适宜知识管理的环境
- 理解数据、信息、知识和智慧之间的关系
- 了解组织文化如何影响知识共享环境
- 了解不同的知识博览会和知识咖啡馆环境
- 知识保留和学习型组织

6.1
案例研究：影响跨文化知识转移范式的真正变化——儿玉光治，工商管理学硕士、项目管理专业人员

在此，我想介绍工商管理学硕士、项目管理专业人员儿玉光治的跨文化知识交流经历。他拥有多元文化的经历，母语是日语和英语双语，技术分析能力和战略能力均十分突出。光治曾任美国项目管理协会奥斯汀市分会的前任会长，目前是日本儿玉运营公司全球高管团队的管理专家。以下是光治的故事。

大约 30 年前，当我还只是日本东京的一名年轻的电子设计工程师时，我为一家总部位于美国的全球知名的半导体巨头工作。我突然被卷入了技术知识转移的世界，当时我接受了一项特殊任务，所以

我和我的家人暂时搬到了位于得克萨斯州奥斯汀市的公司总部，负责存储器和微处理器芯片的项目。我后来发现，这家公司投入了巨额的资本推进这一重大项目，这对公司的发展至关重要。

我的任务是正式领导我的部门将美国“母公司”设计中心的技术信息和方法转移至日本“子公司”的设计中心。

我需要克服公司或部门之间的隔阂和持续的沟通障碍。在很大程度上，知识转移的挑战与我几年前成功完成某项任务所克服的挑战非常相似。如今，在世界各地的许多组织中，依然存在各种不同形式的信息孤岛和沟通差距，而且在大多数情况下，克服它们需要耗费比预期更长的时间。

好消息是，在这两个挑战领域中，都有切实的解决方案可以带来真正的改善。

让我来举个恰当的例子。作为一个母语是日语和英语的技术宅，我起初很天真地认为这项任务非常适合我，心想“这个任务能有多难？”当时，我和我在日本的管理层并不知道，在执行这次任务的过程中，答案会不言自明。最初预计 7 个月的周期，我整整花了两年的时间才成功地完成了任务。

经验教训的推论

1. 克服与知识转移相关的挑战和差距，除了明显是因为语言或文化差异而导致的障碍外，更多的是因为理解并真正实现范式的变化，将陷入内向型思维模式（掌握的知识）的个人或团队转变为外向型思维模式（共享的知识）。也就是说，知识管理为支持与创建、协调和重用组织所拥有的知识铺平了道路。在此基础上，个人和团队可以有效地工作，最终实现将这些知识转化为共享知识的预期结果。

2. 项目管理和在软件开发中所应用的敏捷思维一样，已经变得十分精简。改良后的传统规范具有更大的支持效率和紧迫感，重复利用知识转移项目的方法也提高了知识管理的可见性、适应性，降低了风险，提高了业务价值。基于这些因素的共同作用，势必会带来真正的范式转变，让组织朝着更协作、更高效、更适应和在必要时可预测的知识管理文化的目标前进。

本书最重要、最迫切想要阐明的主题就是这种基本范式的变化，即在其他地方如何顺畅地推进知识转移。

正如我的朋友儿玉光治所说的那样，组织应努力克服公司与部门之间的信息孤岛和持续沟通的障碍。组织的文化在知识交流和转移的过程中起着至关重要的作用，因为组织文化决定了知识交流和转移的强度。在不同的文化背景或组织中学到的经验教训都有其独特性。光治从自己的经历中总结出的教训是，将知识从专有的知识领域转移到共享的知识领域。光治也指出，咖啡馆式的知识交流是典型的敏捷思维模式。这种思维模式不仅能够简化传统的规范，还能提高效率，加强知识分享的紧迫感。在知识转移项目中重复使用这种方法论能够提高知识管理的可见性、适应性、降低风险、提高业务价值，必将会带来真正的范式变化，从而实现更协作、更高效和更可预测的知识管理文化。在项目进行中和项目完成后，学习是最关键的因素。

6.2
咖啡馆文化：数据≠信息≠知识

下一个社会将是知识社会。知识将成为关键资源，知识工作者将成为员工中的优势群体。

——彼得·德鲁克

1969 年，“现代管理学”之父彼得·德鲁克巧妙地提出了“知识经济”一词。几十年后，他又提出了知识社会这样深刻的概念，指出知识经济的关键资源是知识和知识工作者。事实证明，德鲁克对 2021 年的预言再准确不过了。

德鲁克提出的“知识社会”的概念究竟会对 50 年后的世界产生什么样的影响？知识经济在什么情况下会创造知识社会？也许是当每个咖啡馆里都有知识，每个知识里都有一个咖啡馆的时候，我们就会找到答案。知识社会创造了知识文化，知识文化又创造了咖啡馆环境。所以，知识社会就是一种咖啡馆文化，也就是我所推崇的知识交流和转移的环境。想象一下，在这样一个工作环境中，对话、互动展示、团队建设日、谷歌的办公室协作工具、会议室、新媒体、站立会议、视频会议和提问等形式都将成为职场中的工作语言。这种思维方式也会影响组织共同的价值观、信念、对事物的理解和行为。文化是实现自由流动的知识管理的促成因素，也是人们在咖啡馆里碰面交流的主题。组织若无法建立知识文化，就不可能创造知识管理的环境。符号、语言、规范、价值观和物品都是文化中已知的重要元素。

在知识经济中，重要的不是数据或信息的质量，而是信息的转换和可访问性，以及将信息转换为知识，并为了做出决策将信息情境化。在知识社会中，信息和知识的创造、传播和利用已经成为最关键的生产要素。

大多数创新经济都是知识经济。例如，韩国被彭博社评为 2019 年最具创新力的国家。另一个典型的知识经济的例子是芬兰，芬兰的变革能力广受赞誉，它在 20 世纪末发展成为领先的知识型经济体。在 20 世纪 50 年代，芬兰还是一个以农业为基础的经济体。迈入 21 世纪时，芬兰已转型升级为创新驱动型、知识型经济体，成为科技水平较高的国家之一。所以，我推荐大家阅读这本知识经济指南，《芬兰——知识经济 2.0：政策和治理的教训》(*Finland as a Knowledge Economy 2.0: Lessons on Policies and Governance*)。这也主要归功于诺基亚公司和芬兰政府对科技产业的大力支持。在知识经济中，教育、通信和信息等知识密集型的服务部门呈爆炸式增长。美国联邦首席信息官理事会知识管理工作小组曾在 2001 年的《工作中的知识管理：知识管理概述》(*Managing Knowledge at Work: An Overview of Knowledge Management*) 一文中指出：

数据 = 条理不清的事实

信息 = 数据 + 组织 + 环境

知识 = 信息 + 解释 + 判断

咖啡馆空间中的知识文化就是组织数据、解释信息和应用知识，大家有意识地交流这些信息，并使知识交流成为组织的业务。当数据被统筹起来时，它就变成了信息；当信息被解释时，它就变成了知识，但我们需要的是智慧。科学虽然能为我们提供数据、信息和知识，但很难提供智慧，因为它需要洞察人类的社会科学，需要进行反思，并需要通过经验模式来获得理解。

如果不能正确理解数据、信息和知识及三者之间的相互作用，就无法创建咖啡馆文化。在传统的项目管理中，工作绩效数据是未经分析的原始数据。这些“不干净的”数据在经过编码、处理或分析后才能成为工作绩效信息。只有在这种情况下，数据才能变成可用的数据。另外，工作绩效信息以数据为基础，它赋予了数据意义并使其具有可操作性。知识（包括项目知识）是被解释的或情景化的，并部分基于经验的知识。

我们可以通过阿柯夫的智慧金字塔模型来更好地理解数据、信息和知识之间的连接和关系。

关于奎松市①（QC）天气的数据、信息、知识、智慧（DIKW）四要素的情境解读。

- 如果你看了奎松市的天气预报，但你不在此居住，那么这些信息就和你的生活没有直接联系，所以它只是数据。
- 如果你恰好在奎松市生活或工作，那么同样的一组数字就变成了信息，因为它告诉了你天气情况，即使你对此无能为力。
- 如果你在奎松市生活或工作，并利用这些信息作为自己决策（例如，你是否会因为天气炎热带遮阳伞？）或行动（例如，你是否会因为下雨而无须给植物浇水或决定不洗车？）的依据，那么这些信息就会变成知识。

① 菲律宾第四大城市，是菲律宾首都马尼拉的卫星城市。——编者注

- 智慧是通过反复使用知识而获得的经验（例如，如果天气预报说气温为 26~31 摄氏度，部分地区多云，不下雨，你就会判断出自己可以穿新鞋去上学或上班）。智慧是知识的最终目的，是对知识的应用。

在本章中，我将尽量简化对知识管理中的 DIKW 分析。我感到遗憾的是，许多关于知识管理的讨论似乎非常学术化，对普罗大众而言过于深奥。现实本不应如此，我们每天都在学习、识别、分享和传递知识。我主要是在自己的业余时间参与知识咖啡馆活动。我有两个朋友，布拉德（Brad）和卢（Lue）（化名），他们一说话就会冲对方大喊大叫。我为他们出了个主意，一起到咖啡馆中解决他们的分歧。让我惊讶的是，他们去咖啡馆时的情况就完全不同了，他们在咖啡馆中都不会大声说话。这样的环境为我们了解彼此的差异、交流知识、解决问题和提升自我提供了一个绝佳的机会。我们为这次咖啡馆会议制定了基本规则，会议地点的选择也征得了所有人的同意。

支持知识流通和提高知识流通速度的空间和场所是孕育创新的温床。今天的知识咖啡馆就像是 20 世纪 50 年代的周日餐桌。那时，刚毕业的工程师探索出了许多创新事物。

信息是指在必须使用或应用的背景下组织和呈现出的数据或事实。相比之下，知识通常被描述为人脑中的东西，随着时间的推移从学习和经验中建立起来，并被用作判断、预测和决策的基础。知识管理、信息架构和数据科学的融合是将数据转换为知识的必要环节。即便有大量的过程和大量的文档，也需要数据科学才能赋予策略或过程意义，才能将数据转换为知识。但如果其中不涉及人的协作，就只能被称为机械的过程。

如何创造知识咖啡馆文化

有机构在 2014 年和 2017 年对全球 700 多名知识管理专业人士进行的一项调查结果显示，创建知识管理环境的障碍有：

（1）文化问题。

（2）缺乏对知识管理的优先级的考虑和领导的支持。

（3）缺乏知识管理的角色和责任。

（4）缺乏激励机制。

在短视思维、过度竞争、绝密和保密、漠视知识重用、抵制新思想的文化中，不会产生知识共享的环境。此外，如果组织成员在分享、授权或绩效驱动方面不够坦诚，知识管理也无法取得蓬勃的发展。

为了克服这些障碍，你必须有一个精心策划的知识管理计划并切实付诸执行，该计划将成为组织战略和奖励机制的一部分。知识管理活动必须嵌入工作流程当中。慢慢来，循序渐进。

如果我们想要创造知识管理的文化和环境，就必须用知识赋予数据和信息相应的意义和背景。除非企业文化允许，否则永远不会产生知识文化。所以，我们必须改变思维模式，改变我们思考、感知、交流和看待知识管理的方式。虽然组织文化很难改变，但我们也可以从组织一次咖啡馆活动开始知识管理的讨论，进而评估、挑战和改进组织进行知识交流和转移的范式。虽然有几种方法可以创建交互式的知识交换环境，但组织文化是使知识工作者能够在工作场所的知识交流空间中生存的最重要的影响因素之一。因此，在工作场所培养咖啡馆文化对于促进和激励员工使用所有现有的平台进行信息共享、知识交流和转移而言至关重要。

达纳·扬伦（Dana Youngren）、劳拉·林奇（Laura Lynch）、大卫·古尔滕和埃赫桑·梅马里（Ehsan Memari）等多位研究学者都写过关于如何在组织中实施知识文化的文章。它们包括为知识工作者设计了有利于对话和协作的物理环境、使用各种知识交流和转移技术、激励知识交流和转移、为知识交流和转移创造空间和时间、激励或奖励知识共享、重新审查培训和入职培训的方法等内容。他们还列举了一些其他的内容，如为知识管理提供正确的技术支持、保持沟通透明、调度、投资于长期的知识管理战略、建立知识库、通过对话吸引人们参与、讲述成功故事、创建知识库、实施开放政策等。

例如，数据是“你们县有 1 500 条响尾蛇”。那么信息就是“那是一条响尾蛇”。“这是一条响尾蛇，它很危险，可以杀死你”是知识。“这是一条响尾蛇，它很危险，它可以杀死你。快跑！”就是智慧。知识和智慧都属于知识管理体系中的抽象领域。知识过程以人为开端，而咖啡馆文化正是建立在人和智力资本的基础之上的。

知识管理不是信息管理！有些人将知识管理与信息管理或数据管理混为一谈。我曾参加过关于知识管理的研讨会，但讨论的内容与知识管理毫无关系。事实上，信息管理研讨会是知识管理的形式之一。数据和信息是知识管理体系的必要条件。华威·霍尔德（Warick Holder）曾经说过：“知识管理是一个过程，而不是终点。”所以，重要的是要了解自己的知识管理路线图。

另一种解释方式是类似于 5 121 000 000 或 5 121 000 000 的区别。从数据的层面看，数字本身并不能告诉我们任何关于它的独特信息。但是，512–100–0000 是得克萨斯州奥斯汀市的一个电话号码，这是信息。信息是通过分析、解释或以有意义的形式编译而被赋予价值的数据和文档。你可以把这些信息保存在你手机的通讯录中——这就是我们处理信息的方式。但如果你进一步研究这个号码是否准确，给联系人打电话进行互动，与该号码建立联系，并询问更多的信息和电子邮件地址，这就是知识，因为你根据信息采取了相应的行动。

知识决定了一个人采取有效行动或做出实际决定的能力——如果我使用这个号码或拨打号码，与对方保持长期的沟通，就获得了关于这个号码和信息所有者的知识。如果你反复这样做，便能从中获得理解和智慧。

所有的知识管理过程都始于数据和事实，除非你将数据和事实进行编译、分析并解释为有意义的信息，否则它们就没有任何意义。当你使用这些信息做决策时，它们就变成了知识。当你运用知识时，它就变成了智慧，当智慧被清晰地感知时，它就变成了启蒙。

拥有一支强大而有知识的员工队伍是组织成功的关键。将信息转化为知识，可以减少组织开展业务所需的知识和基本技能的损失。咖啡馆中的每个人都掌握着一些事实（数据）、信息、知识或应用知识（智慧），这就是所谓的 DIKW。

咖啡馆是一种思维模式，是汇聚所有 DIKW 元素的空间。人们在咖啡馆中的活动和互动产生了洞察力和经验，如果洞察力和经验得以应用，还会产生方向和指导的智慧。这就是我所说的知识领导体系。我组织过几次领导力咖啡馆。这不仅仅是一个为领导行动而设计的咖啡馆会议，而是像利用咖啡馆会议的成果来制定战略的活动。我将在本书的最后一章中专门介绍知识领导力咖啡馆。

6.3
奖励、激励和认可是否可以用作知识共享策略？

> 知识管理的方法远不止是软硬兼施这么简单。我们说：“知识分享是你的工作。你必须这么做！这种做法的奖励是可以保住自己的工作。”
>
> ——鲍勃·巴克曼

知识管理爱好者、弗吉尼亚州莱斯顿集团知识应用小组前组长鲍勃·巴克曼对知识分享的激励和奖励持截然相反的立场。他认为知识管理就是每个人的工作，而奖励就是保住你的工作。大卫·古尔滕在他的网络博客、网站和在线书籍《对话型领导力》（*Conversational Leadership*）中表示：

> 如果每次因为建议奖励或激励他人分享自己的知识，我就能得到一分钱，那我早就成为富翁了。但我和埃尔菲·科恩（Alfie Kohn）持有同样的观点，我并不认为奖励是有效地激励他人分享自己知识的方法！
>
> ——大卫·古尔滕

埃尔菲·科恩在他的著作《奖励的恶果》（*Punishment by Rewards*）中指出，奖赏和激励会产生反效果。他认为，为了激励他人而做出的奖励行为就像短期的贿赂一样，这种做法注定会失败，并且会造成持久的伤害。科恩从数百项研究中得出了自己的结论，当人们受到金钱或其他激励的诱惑时，工作的质量反而会较为低劣。

科恩列举了他认为奖励失败的五个原因。

1. 奖励惩罚。奖励是一种操纵的行为。“这样做，你就会得到那个”和“做这个，否则某件事就会发生在你身上”没什么区别。

2. 奖励会造成关系的破裂。优秀取决于团队合作，而奖励会破坏合作。

3. 奖励忽视了原因。要解决问题，人们就需要了解原因，但奖励忽视了问题的复杂性。

4. 奖励使员工避免冒险。人们会因此避免冒险、探索新的可能性或凭直觉做事。

5. 奖励会削弱员工的兴趣。奖励是一种控制！如果员工专注于获得奖励，那么他们往往会觉得自己无法充分选择或主导自己的工作。

古尔滕对科恩的观点进行了补充，提出了奖励注定会失败的第六个原因：奖励是博弈。人们会利用这一机制去赢取奖励，而是不去做正确的事。

那么，从长远来看，利用奖励和认可来改变人们行为的项目是否同样没有效果呢？这一观点存在一定的争议。我持有和前文中那些专家同样的观点，认为奖励和认可不是激励项目团队或知识工作者的灵丹妙药。但我们不能不分好坏地全盘否认这一做法，所以我一直无法接受“或”的概念，而喜欢“和”。我认为我们采用咖啡馆策略的同时，也可以给予一定的奖励、激励和认可，共同催生出优秀的成果。事实也的确如此，共同使用所有这些策略足够产生良好的成果。我们在咖啡馆中款待自己，这也无可厚非。

我对参加我组织的咖啡馆活动和研讨会的参与者进行了几次科学调查，发现超过 78% 的人认为认可和奖励会激励他们分享更多的知识或参与更多的知识转移活动。

教授、研究员普拉卡什·巴斯卡（Prakash Baskar）和 K.R. 拉杰库马尔（K.R.Rajkumar）在《国际科学与研究杂志》（*International Journal of Science and Research*）上发表了一篇文章，是关于奖励和表彰对员工激励效果的影响的，他们发现奖励和表彰与工作满意度和激励之间存在着正相关的关系。因此，如果组织对员工的奖励和表彰有所变化，那么员工的工作动机和满意度也会相应发生变化。

或许最直接的解释是，奖励和表彰越恰当，员工的积极性和满意度水平就越高，因此绩效和生产效率水平也就越高。

贝新公司 2012 年在《福布斯》上发表的研究显示，在所有被调查的组织中，有 83% 的组织认为自己在“表彰”方面存在缺陷。与同行相比，这些公司的绩效水平较低。一般来说，表彰和奖励能够激励和提升公司的绩效水平。所以，我认为在咖啡馆环境和知识管理的生态系统中亦是如此。表彰和奖励能够激励员工表现得更好。

咖啡馆的环境是一个支持自由地共享知识和信息的环境。在一个知识共享文化蓬勃发展的工作场所，单靠奖励不能、也不会营造出合适的氛围。但同时我也认同，没有奖励可能也无法营造出适宜的工作环境。就像前文中那些专家阐述的那样，我之所以分享我的知识是因为我能从出于个人动机的分享中获得更多的好处，而不是因为分享知识而获得表彰、激励和奖励。在我的研究中，我未曾发现一个完全忽视激励和表彰的知识管理项目能够获得成功。

在我组织的一次知识博览会活动中，一些工程师解释说他们的工作围绕项目展开，许多员工忙于一个项目接着另一个项目的工作，很少或根本没有时间参与知识共享的过程。我不认为在员工的工作之余额外增加知识管理活动是有成效的，因为知识管理应该融入工作的过程之中。在员工入职的第一天，就应该让他们意识到知识管理的价值，它在组织战略中的位置，以及分享知识可获得的奖励。知识管理应该成为员工执行各项工作的基础。在成功的知识管理的背景下，其实施和实践鲜少会涉及实际的报告和分享知识。

知识是一个组织中未被发现的新资产。所以，组织的创新速度无法快于组织管理知识资产的速度。除非组织对知识管理进行投资，否则就无法获得知识管理的回报。奖励、激励、表彰共同形成了咖啡馆的体验文化。

激励研究基金会对900家绩效高的组织调查后撰写了激励基准调查白皮书，其中显示：

- 90%绩效高的公司使用激励和奖励机制来留住和鼓励员工。
- 99%的员工有独特的奖励偏好，这使得激励机制成为传统奖励制度的最佳替代制度。
- 80%的员工更喜欢强有力的激励，而不是更高的薪水。
- 78%的员工依然愿意效力于目前的雇主，是因为它提供了有竞争力的津贴和激励措施。

底线：鉴于当前各类组织吸引优秀人才的竞争日趋激烈，各公司都在对激励方案进行现代化改革。当我为我的组织制定企业知识管理战略的商业案例时，也将激励方案作为该案例中的一个重要元素。

你不能强迫组织成员分享他们所掌握的知识，所以最好是创造一个有利于知识分享的环境。但要切记，人际关系的目标是创造一个双赢的局面，即欣赏和尊重员工知识的同时实现组织的目标，这便是双赢的局面。斯蒂芬·柯维（Stephen Covey）曾指出，富足的心态意味着相信每个人都能有较大的收获，知识工作者和组织都是赢家。知识工作者被鼓励去分享他们的知识，并因分享而得到认可。就像我前面讨论的那样，只有在合作和信任的氛围中才会出现这样的良性循环。非洲有句谚语，要用信物或礼物去换取猴子手中的香蕉。所以，组织不能单方面要求员工分享他们的知识。

6.4 知识文化：影响城市的圆桌会议

> *员工之所以选择不改变自己的行为，是因为组织的文化和要求使他们无法利用自己的知识开展工作。*
>
> *——迈克尔·施拉格*

从病原学上讲，“文化”（culture）一词的意思来自一个法语术语，这个术语最初的意思来自另一个拉丁词“colere”，意思是照料土地和生长或耕作和培养植物。文化是一群人的生活方式——是这群人不假思索就接受的行为、信仰、价值观和符号，并通过交流和模仿代代相传。文化是符号交流。文化是由相当大的群体共同拥有的知识体系。文化可以是一种生活方式，也可以是生活的一部分。结构资本是一个团体、社区或组织内部的知识。如果你想创建一个知识管理的环境，就必须了解自己的团队、城市或组织中盛行的文化。

2002 年，我开始与得克萨斯州奥斯汀市的非营利组织合作。我合作的一些非营利组织和慈善组织通过为无家可归的人提供食物、照顾有需要和无助的人，来满足社会边缘人的身体、情感和精神需求。城市、社区和国家，就像各种组织一样，虽然占据了很多优势，但缺乏知识（不仅仅是信息和数据）自由流动的文化。你会发现许多城市都存在信息孤岛。由于缺乏知识共享的空间，城市的市民不会为了共同的事业一起奋斗。如果有一个空间能够聚集那些博学的人、有求知欲的人、有想法的人和那些寻找想法的人，会怎么样？

下面我来分享一个我在咖啡馆中听到的关于无家可归的孩子们的故事。有一天，我遇到了拉里·鲍尔（Larry Ball）。他的货车里大约坐了八个小孩。鲍尔告诉我，这些都是流落街头无家可归的孩子，他想给他们一个家，帮助他们康复、教育他们，之后再把他们送回社会，成为对社会有用的人。有些孩子甚至不知道自己的父母是谁。他把这些孩子带回了家，他的组织致力于给这些孩子一个家，照顾他们，给他们情感和精神上的支持，让他们重新振作起来。这些孩子会接受指导、教育，然后找到一份工作，自己谋生，最后变得独立。而后，鲍尔会再找到其他无家可归的孩子，重复这样的过程。我问他："你的成功率是多少？"他的回答是 98%！

我问鲍尔，以此作为自己的全职工作，如何获得赞助。他的回答是："我获得的赞助很少，甚至可以说是几乎没有任何的赞助，因为我从未收到过补助金或大额的捐款。我相信我是因为受到感召而去从事这样的工作，并且正在产生美妙的结果。"从 2003 年到 2008 年，通过我创立的非营利性组织"筑桥使徒"，我结识了其他几个非营利性组织的成员。我还与几位行业领袖和政府官员建立了联系，他们诚挚地赞赏了非营利组织的作用和成功。我认为有必要组织这些知识所有者召开咖啡馆会议。我也参加过几次类似的知识交流会或联系会。冥冥之中，我觉得我们需要主动组织一次圆桌会议，从而了解不同社区的变化，以及非营利组织、政府和行业领袖如何聚集在一起召开知识咖啡馆式的圆桌会议，如何分享知识，如何为更大的社区转型建立协同作用。我需要为城市的转型召开一次知识咖啡馆或博览会会议。

三种类型的知识咖啡馆参与者

虽然我们能够吸引不同类型的人参与咖啡馆会议，但这并不像你想象的那么容易。咖啡馆会议是一种能够组织知识工作者在快速变化的工作环境中做出快速、高效决策的方式。我将知识所有者或管理者分为以下三类：

- 除非有详细的议程（菜单）和可预测的结果，否则不会参加知识咖啡馆会议的人。这违背了大卫·古尔滕最初关于知识咖啡馆的概念。
- 知识咖啡馆的狂热爱好者在与其他参与者建立关系之前不会与任何人分享知识。
- 社交型动物只是想与其他参与者碰面。

在全市或社区层面，你如何把这些人聚集在一起？就像在一个典型的知识咖啡馆中，有些人会有自己的议程。我相信咖啡馆为知识拥有者和有远见的人提供了合作、分享知识的空间，也为社区创造更大的利益营造了协作的良好氛围。我们成功地召开了几次咖啡馆会议，即所谓的圆桌会议。即便这些会议形式不够正式，但它却非常重视每个人发表的意见。我们不仅认可参与者的成功，也深知他们面临的挑战，即只有那些掌握了更多知识的人才愿意分享。于是，我意识到有必要促进或协调得克萨斯州的非营利组织、信仰社区、媒体、地方政府、当选的官员和企业的活动计划。

我们不需要耗费精力做无用功。为了建立战略伙伴关系，实现可衡量的城市和社区影响和转变，我们每年都会举办一次具有城市影响力的知识博览会和知识咖啡馆会议。我们借此建立了几十个战略伙伴关系，改变了得克萨斯州不同社区的面貌。从某种程度上而言，奥斯汀市救灾网络是我组织的咖啡馆活动所取得的最重要的成果之一。此前我们在得克萨斯州德瓦里市举行城市影响力圆桌会期间，我们决定在执行董事兼创始人丹尼尔·杰拉奇（Daniel Geraci）的领导下，集中精力建设奥斯汀市的救灾网络。自顾问委员会成立以来，我一直作为该委员会的成员为其提供指导、建议和策略。自 2008 年以来，奥斯汀市救灾网络协调并管理着约 1.3 万名救灾志愿者。在灾难发生时，奥斯汀救灾网络部署和培训了多个领域的志愿者，如事件指挥、创伤和情感关怀、牧师、病例管理、资助幸存者家属、业余无线电通信、呼叫中心运营、仓库、清扫等。奥斯汀市救灾网络优于其他组织的地方在于它使得克萨斯州中部随时做好了救灾准备。

总而言之，文化的转变可能会导致行为的转变，组织的要求使得根据知识采取行动变得过于容易或过于困难。只有文化的转变，才能使知识蓬勃发展，才能营造适合知识管理的环境。

6.5
管理项目知识，创建咖啡馆文化

多伦多大学罗特曼管理学院的教授罗杰·马丁（Roger Martin）是公认的世界头号管理思想家，他认为：在项目经济中，项目才是工作的组织原则，是知识工作者不知疲倦的表现。在大多数组织中，项目制仍然是组织工作最有效的方式。在组织运营和部署知识管理项目之前，也应该像其他项目一样经历启动、计划、管理和执行的各个阶段。每个项目的背后都有其既定的目的——无论你是想提高流程的管理效率、利润率、客户满意度，还是推动创新，实践知识管理。我像处理其他所有项目一样，为我们的知识管理项目制定了相应的章程，并为实施和部署的各项技术制定了章程。我们还专门引入了实践社区、知识访谈、知识博览会和知识咖啡馆、经验教训、维基知识库等流程。同时，根据项目的过程，制定了项目管理的规程并规定了必要的环节，其中包括管理介入、业务案例、涉众参与、沟通计划、风险管理、范围管理和价值实现。我们在各种管理、研究和知识管理组织（如项目管理协会、美国交通研究委员会、美国国家高速公路协会兼交通局、美国生产力与品质中心、美国国家航空航天局、美国陆军等）中明确了其成员资格，而我们本身的学习敏捷性对成功起到了重要作用。

知识咖啡馆文化是指对管理项目知识的理解。知识管理的实施本质上是一个坚持项目管理基本原则的项目。根据项目管理协会的《项目管理知识体系指南》第六版，管理知识的过程贯穿整个项目的始终，其中涉及显性和隐性知识。管理项目知识主要有以下两个目的：重用现有知识和创建新知识，从而提高当前和未来项目的绩效水平。

什么是项目？根据项目管理协会的《项目管理知识体系指南》第六版，“项目是为提供某项独特产品、服务或成果采取的一次临时的行动。项目的临时性表明项目有明确的开始和结束时间。当项目的目标已经实现时，就到了结束的时候”，或者进一步说，“项目创建的产品、服务或结果不具有临时性”。

项目的特征

- 项目有明确的开始时间。
- 项目有明确的结束时间。
- 开始和结束定义了项目的生命周期。
- 项目首先要制定章程。
- 项目以收尾而结束标志。
- 交工和验收之后进行收尾。

这个定义主要适用于用瀑布式项目管理法管理的项目。但业务不是项目，尽管具体的项目有一些临时业务的成分。为了确保项目完成后的效益，项目在进入正式运营阶段之前会花一定的时间用于测试期（如服务中的软启动）。

我们在 2017 年秋天买了一栋房子。在此之前，我们必须先卖掉旧房子。当我见到我的房地产经纪人时，我告诉她我只有 45 天的时间用于完成新房的交易，所以我必须在 30 天内卖掉我的旧房子。问题是，如果要想把我 12 年房龄的房子卖出好价钱，必须重新装修。所以，我有多少时间完成装修房子、挂牌、出售和成交的过程？答案是我们必须在 3 周内完成装修。这是一个非常冒险的时间表。我告诉她，我是一个项目经理，我会管理这个项目。

改造项目得出的经验教训

我列出了 3 周内完成项目所必须完成的任务。我不想把这个项目搞得太过复杂，所以，我没有制定正式的流程，而是制订了一份书面的商业计划书。该项目的目标是翻修我的房子，并在出售中获得最大的价值。

1. 设计和规划。我筹集到了翻修所需的资金。我们不需要施正许可证，于是我联系了我的房地产经纪人推荐的承包商，确保能在截止日期前完工。我制定了任务分解表，确定了需要完成的具体步骤以及时间表和预算表。

2. 确认方案并开始翻修。鉴于有些工序不会影响后续的工序，所以我将其中一些工序与其他工序同时运行。

3. 承包商检查、升级和修理电气和管道系统。

4. 完成收尾工作，如地板、表面整理和装饰。

我整合了所有的流程，帮助每个承包商或参与者按时完成他们的任务，成功地在 16 天内完成了翻修的任务，在第 18 天将房子挂牌上市。上市当天，我收到了两个报价，并成功地在第 21 天卖掉了房子。这就是真实的项目管理工作！我希望当再次谈到装修和出售房产的时候，我能说“我知道怎么做”。我学到了很多知识，并且应用、使用、重用我学到的知识，广泛地与我的学生们分享我学到的东西。我们每天通过日常或居家办公的方式来管理我的项目。我们从这些活动中学到了很多。如果我需要重新装修，我可以从以前的经验中吸取教训。知识是基于经验和教育所获得的信息。

在知识管理的背景下，最关键的组织知识封锁在个人的头脑中。正如隐性知识的定义所阐述的那样，它是储存在员工头脑中难以交流和分享的专业知识。你或许知道如何管理自己的项目，如何传递价值，以及如何完成工作，但是要交流这类知识或技术诀窍、原理知识却并不是一件易事。五代知识工作者同在一个项目管理空间里工作，每一代人都说着自己的知识语言！因此，管理这些知识意味着要创建一个有利于共享的咖啡馆式的环境。

知识管理培训、知识管理意识、咖啡馆会议、知识管理的动机会启发知识管理人员的思想和心灵，让他们看到知识管理的大局，自由地拥抱在咖啡馆活动中所受到的启迪。管理知识还包括奖励分享知识的知识工作者，万不可惩罚分享知识的知识工作者。

知识管理有意识地、系统地、积极地管理和利用组织中的知识资产，从而通过协作来创造新的知识。

被多次分享的知识会创造出新的知识，不被分享的知识则会逐渐消亡，变得毫无用处！我们活着是为了分享。在我们学习和实践的过程中，分享我们所掌握的知识。当我们停止分享时，也意味着我们停止了学习。在思想的市场经济中，新的赢家是那些能够认识、识别、计划并有效管理自己知识资产的人。在新兴经济体中，有效管理组织知识资产对于确保组织的竞争优势至关重要。有效的知识资产管理也是组织确保竞争优势的关键要求。

6.6
知识咖啡馆的交流提高知识保留率

知识是公司的资产，在知识工作者分享知识之前它一直隐藏在公司的内部。从你的知识管理计划中获得最佳回报的关键是有效的实施计划的方法，并确保组织鼓励信息的分享。

——迈克·巴格肖（Mike Bagshaw）

正如我前面所指出的那样，大多数组织的知识资产都被知识工作者隐藏在自己的头脑中。若想保留知识资产，组织必须了解知识工作者都掌握了哪些知识——他们是知识的保存者，所以必须分享知识。21 世纪的头十年可能是人类历史上工作流动性最强的时期。在此之前，许多员工的整个职业生涯都在同一家公司从事同一份工作。但自此之后，情况便不再如此。很多人一生中会换 6 到 20 次工作。除非组织有意识地保留知识，否则员工会带着他们的知识离开组织。因此，对于绩效最好的组织来说，首要的议题就是制订一个运行良好的过程、方法和计划，确保知识的分享、利用和交流。知识分享应该成为一种连续的、弹性的、持续的和创新的组织战略。

知识转移是新的培根

2017 年 1 月，明尼苏达州交通部启动了名为“M.A.S.K. 方法”（分析和结构化知识方法）的知识保留试点项目，以获取组织内部的三个学科的专业知识，并撰写了知识保留书簿。大约 31% 的交通部员工将在五年内符合或即将符合退休条件，因此，保留关键专业技术和隐性知识成为组织需要优先考虑的事项。明尼苏达州交通部为了保留深奥的技术和组织知识，正在撰写知识书籍，借此分享多年积累的个人专业知识，让所有人都能读懂书中的知识。这本书俨然已经成为一份为后继者准备的、易于遵循的、便于使用的、具有电子学习平台功能的活文档。

知识保留有两个方面。一是保留学习者、知识工作者的显性知识，二是保留知识工作者头脑中的组织知识。

我认为，当一个人更频繁地分享他的知识时，也会因此提高自己的记忆力。德国心理学家赫尔曼·艾宾浩斯（Hermann Ebbinghaus）是记忆实验研究的先驱，他在对遗忘曲线的研究中发现了超量学习的现象。他的基本观点是，如果你练习的东西超过了通常需要记忆的东西，那么就会产生超量学习的效果。超量学习，就像持续的知识交流或分享你所学的知识一样，会将信息或知识封存得更为牢固。因此，遗忘曲线对超量学习的信息影响较小。

美国国家训练实验室研究所提出的学习金字塔理论缺乏实证研究的支持。但此研究表明，通常情况下，我们在正式的或非正式的课堂上学习的知识，24 小时后只能记住 5%。通过阅读能记住 10% 的知识，比如这本书，阅读 24 小时后你就能记住 10% 的内容。知识工作者从视听材料中获取的知识，保留率会翻倍至 20%。如果在学习过程中有示范或展示，保留率将提高到 30%。当知识转移的过程中涉及小组讨论时，保留率会提高到 50%。如果知识工作者能够实践他们所学到的知识，比如他们在知识咖啡馆中学习的知识，保留率会提高到 75%。如果知识工作者教授并立即使用所学到的知识，知识保留率将会飙升到 90%。所以，我们是否可以认为，学习过程中的互动性越强，知识的保留率就越高？重复回忆信息可以使保留率提高至 80%。例如，学习者可以在课程结束后讨论或汇报所学的内容，与他们的经理讨论如何使用新技能，或与同伴讨论如何利用学到的经验教训。

美国项目管理协会、美国生产力与品质中心、美国知识管理学院，以及美国知识管理协会都认同制定保留和转移组织知识资产的战略。它们还达成了一项共识：可以利用一系列工具将人们头脑中的知识转化为工作的流程和可以让其他员工掌握的知识。这些工具包括但不限于经验教训练习，这就像在项目期间和之后执行的总结回顾活动，所吸取的经验教训将在项目期间和之后得到利用，并在未来的项目中供其他项目经理咨询使用。

此外，加入实践咖啡馆社区，利用退休人员和返聘人员专业知识的咖啡馆对话、讲故事的项目、知识访谈、离职知识访谈、社交媒体和技术协作平台、指导和学徒计划，以及去接触相关的主题专家、知识地图等，这些都是较为有效的知识转移方法。知识咖啡馆的思维方式是知识管理中的人为因素。咖啡馆为提高知识和信息的可查找性或可发现性提供了一个轻松的环境，可以进行关于专业知识定位的程序操作和与其他工具的对话，使员工可以轻松地找到掌握了他们所需要的专业知识的人，从而不受地理和部门界限的限制。组织也可以利用这些工具进行知识的保留和转移。我们利用这些工具来探讨知识咖啡馆问题，咖啡馆的对话也提高了知识的保留率。我将在后续的章节中广泛讨论每种知识转移工具的作用，借此来实现知识的保留和转移。

6.7
学习型组织的咖啡馆

根据《人力杂志》（*Work force*）2020 年的报告显示，65% 的员工表示好的个人发展和培训机会会提升他们对公司的忠诚度。高技术水平的员工无疑是组织在市场中脱颖而出的资本。与此同时，技术型知识型工作者也能够在学习型组织中获得较大的发展。

但只靠培训还不足以提升员工的忠诚度！根据技软公司和CARA集团赞助发布的《2013年行业研究报告》显示：2012年，美国企业用于员工学习和发展的支出高达1 642亿美元。但没有证据表明，仅靠学习就能将员工转化为知识型劳动力。

考虑到婴儿潮一代正在陆续退出劳动力市场，当今职场中员工的流动性不断提高，市场波动加剧，加快了人们对变化和技术的反应速度，所以仅靠培训是不足以保留知识的。学习型组织可以成为咖啡馆式的组织，也必须将学习转化为知识。

学习型组织有利于员工的学习和发展。为了在商业环境中保持竞争力，创造竞争优势，学习型组织需要不断地转型。由于现代组织所面临的压力，每个学习型组织都在不断地对其学习过程进行管理，使其发挥自身的优势。知识管理能够帮助我们测量或评估学习和转化知识水平，了解自己所掌握的知识，以及创造新的知识。

公司除了向学习型组织转型外，还必须拥有学习敏锐度。哥伦比亚大学教师学院和创新领导力中心的研究人员将学习敏锐度定义为一种思维模式和一系列相应的实践，使领导者不断发展、成长、利用新策略，使他们能够应对组织中日益复杂的问题。他们认为，学习敏捷的人“能够不断地摒弃不相关的技能、观点和想法，学习新的相关的知识”。知识管理是组织学习蜕变的核心。学习型组织由敏捷的学习者组成。高绩效的组织体现了敏捷的、多用途的学习反馈，给我们的经验赋予意义，使它具备了协作的特征。

数据、信息和技术为我们提供了学习、培训和指导文化所需的信息。学习型组织将信息和知识传递给知识工作者。在组织开展情境化的学习之前，这些知识都被禁锢在员工的大脑和思维中。

此外，情境和视角也构成了相关数据知识的集合。

在许多情况下，学习的过程到此结束。但拥有知识交流文化的学习型组织则试图打破这一流程，将员工掌握的知识进行编纂，并分享、转移和重用知识。博学的员工因此变成了知识员工。然而，当通过分析、实践和对已知的组织知识进行评估而产生新知识时，这一流程还加入了扩展和重新学习新的数据和信息的步骤。由此，知识工作者变成了知识管理者。所以，不论是咖啡馆式的思维方式还是实际的咖啡馆会议，都必须涉及学习和交流范式的转变。

在讨论了数据、信息和知识体系之间的差异之后，我想说，三者的融合最终会使学习型组织收获智慧和启迪。学习型知识组织实现了个人的自我超越与团队学习、思维模式、共享学习和系统思维的结合。

6.8 创造知识共享的环境

作家、乔治城大学的教授丹尼斯·贝德福德博士在 2019 年曾指出:“向知识文化转型将给组织带来巨大的转变。传统文化所鼓励的竞争、知识窃取式的过度分享，将知识的可见性降低至最低水平。”

知识文化会颠覆我们学习、分享和交流知识的方式。奖励模式和机制也一直在改变。若想创建一个知识共享的环境，首先应该明确所谓的“环境”的内涵、如何创建这样的环境，以及分享哪些知识。

各类组织已经在互联网和获取信息上花费了数百万美元。爱尔兰都柏林三一学院的客座教授丹·雷米意认为,“这种方法反映了这样的观点——如果我们能够捕获知识并将其放入计算机，那么它就可以被共享。这种共享将确保知识在整个组织中得到最大限度的利用”。这对今天的组织来说有多少现实意义？显然这就像给猴子穿衣服。知识管理的问题究竟是一个技术问题还是人际互动的问题？如果这只是一个技术问题，那很容易解决。你只需要向人们展示知识存储在哪里，并使他们对使用知识产生兴趣即可。环境决定了人们是否会使用这些知识。默认情况下不需要创建环境，所以我们需要有意识地创造一个知识咖啡馆式的交流环境。也许你处于一个竞争激烈的行业中，每个人似乎都在紧紧地追赶着你，你也没有什么制胜的法宝了。于是，知识咖啡馆能够激发你重新定向、互惠和理性的动力，从而将竞争变成合作。虽然知识本身就是信息，但它还不足以引发变革！知识交流给变革创造了能量。诚实的对话、反思、思想交流、分享、信任和互惠是创建知识共享环境的基石。

在共享知识的环境中，人们自然会共享知识。知识管理者因为分享他们所知道的东西而感到快乐，并因此获得成就感。他们相信组织的文化，认为组织鼓励分享的行为。分享知识是一种互惠。在知识管理的环境中，你会相信知识工作者能够做出正确的事情吗？当然可以相信。创建这种环境的方式因组织而异，没有唯一的答案或灵丹妙药。根据我既往的研究和经验，采取自上而下或自下而上的方法，或采用两者结合或两者都没有的方法也都能行得通。在2019年运输研究委员会的夏季网络研讨会上，摩西·阿德科博士主张，应该成立知识管理联盟，各个部门在组织的知识管理计划下拥有自主权。创建知识管理环境不能采用一刀切的方法。

什么是共享的知识

简单地说，你所分享的都是你知道的知识，你一定不会分享你不知道的知识。但你不能等到你完全理解了你所知道的知识才去咖啡馆分享。对于那些你还未完全理解的事情，只有把它带到公共的对话空间，在咖啡馆中和他人讨论这件事情，你才能完全理解它。只有共享知识，才有可能获得新知识和创新。我们来到咖啡馆是为了了解我们所知道的知识，挑战我们所知道的知识，明确我们还不知道哪些知识，重新学会敏捷型思维模式。

咖啡馆的知识共享环境可供解决、决定或讨论任何问题。我曾经与开发运营维护的团队在咖啡馆中讨论，共同定义和改进安全在开发运营维护中的作用。开发运营维护、开发和 IT 运营是一个企业软件开发的术语，用于描述两个业务单元之间的敏捷关系类型。而咖啡馆的目标是通过鼓励跨部门的知识工作者进行交流和协作，从而改善开发运营维护的关系。虽然我是项目管理方面的主题专家，但我不一定完全精通与项目相关的所有方面，例如软件开发。当你要求团队在咖啡馆中交流时，团队会因此了解项目的信息并达成共识。在任何环境下，咖啡馆都是组织中汇集成员观点的工具。

我们只有在获取和分享我们所知道的知识时，才算真正理解了我们所掌握的知识。当知识管理的思维模式根植于组织的基因中并成为组织的战略时，员工就会变成知识工作者，工作场所就会变成知识场所，组织也会因此提高绩效，加速占据竞争优势。知识管理不是另一门课程，而是一种改变文化和生活方式的理念。咖啡馆和对知识的需求造就了人们分享知识的习惯。知识管理咖啡馆的参与者都有意愿向他人学习，从而形成组织内部知识文化氛围。

若想形成知识文化氛围，就必须首先营造出一个以知识共享为战略的创新和合作的环境。若想形成知识环境，必须首先形成知识文化。我们很难在一个没有知识共享文化的环境中分享知识。知识共享文化能够锻造一支知识劳动力队伍。就像变化一样，人类和组织不能只是接纳知识管理，而是要主动通过知识管理的常识测试。

但即便如此，你也不能强迫组织成员分享他们的技术或知识，而是要切实地创造一种知识文化环境，在这种环境中，分享知识不会受到惩罚，反而会受到奖励。

知识是一个组织最重要的资产。保存组织知识的能力决定了组织的赢利能力、可持续性、竞争力和增长能力。任何组织都无法承受知识库流失的代价。世界经济论坛指出，95% 的 CEO 都认同知识管理是一个组织成功的关键因素。《财富》杂志刊文表示，80% 的公司都有专门的知识管理人员。

持续改进的微小举措

正如前文所述，知识管理就像吃一头大象，一次只能咬一口。这是一个层层递进的过程，就好像剥洋葱一样。所以我们需要循序渐进，持续改进。瓦尔帕莱索大学的高级研究教授施罗德（Schroeder）院长在被问及有哪些持续改进的小想法和小措施时，给出了如下的回答。

- 小创意成本更低，风险也更小——边做边学。
- 大的改进需要大量的小改进才能成功。
- 追求更小的想法能够形成自上而下地提升文化的措施。

- 小想法能够产生大影响。

他总结说，随着时间的推移，微小的改进自然会累积成巨大的财富。

我对创建知识管理环境的建议是在组织的日常运营中融入知识咖啡馆模式。实施知识管理计划有几种工具和技术。我推荐像知识博览会和知识咖啡馆这样的方法，与此同时，实践社区也是实施知识管理文化的最有效的方式之一。我在包括得克萨斯州交通部在内的几个组织中都施行了这些概念，也因此看到了员工表现出的知识管理热情。

我们要创造一个开放的、愿意互相帮助和分享的环境，找到组织内部的知识爱好者、项目经理或愿意分享知识的员工。这些员工对他们所掌握的知识感到兴奋，也乐于帮助他人和与他人分享。

创建知识共享环境的一些实际做法

- 体现团队价值观，在你组织的知识博览会和知识咖啡馆中融入组织共同的价值观。
- 规范用词并开展专门的知识管理培训。
- 随着员工对知识管理和某种形式的实践社区表现出兴趣，组织知识管理的能力自然会增长。
- 从小事做起。小团队适合灵活的知识共享形式。
- 领导需要克服对分享的恐惧，展示未被分享的知识是如何逐渐过时的。
- 将知识交流视为是资产的建设者。例如，那些培养出接班人的人应该得到奖励，而不是受到惩罚。

- 发现分享知识的机会。
- 确定知识管理的要素并发现组织内所有知识交流的机会。
- 定期组织多次咖啡馆活动。
- 尝试有计划地组织主题专家演讲（召集演讲者、主持人、实践社区的领导，大家一起促成新的想法等），借此来发起或补充对话。
- 在会议和研讨会中融入知识咖啡馆模式。强调双向的学习和知识交流，反对单向的演讲式会议。
- 共享不同单位用于组织、共享和激活知识的工具和技术辅助工具。

除人员、流程、技术和内容之外的知识管理促成因素

人员、流程、技术和内容都是知识管理的促成因素，这些因素使组织能够开发知识，促进组织内部的知识创造并共享和保护知识。叶（Yeh）等人在 2006 年指出，以下这些是创建知识管理环境所需的最关键的促成因素。

- 管理层的持续支持
- 专门用于知识管理的领导、人员和预算
- 方便使用的技术辅助工具
- 明确的岗位职责
- 展示知识管理价值的商业案例
- 重要的过程和定义
- 明确的知识管理方法
- 对支持者、中间人和知识管理领导者的信任

- 企业知识管理战略
- 支持者和团队成员的支持
- 激励制度

在我负责知识管理的组织中，我们首先获得了管理层的支持，所以最终都成功地实现了知识管理。获得一位高管的支持是一个很好的开始，他能够给予我们所需的资源。一旦管理层批准了我们的知识管理流程，我们就有权启动相应的程序，落实现有的知识管理元素中的小步骤和其他促成因素。我们也试点推行了知识管理方法，比如实践社区。

如何开发和扩展知识管理促成因素?

- 建立治理机制
- 落实变革管理原则
- 在培训和发展中融入知识管理
- 采用正确的标准（多维度）
- 利用技术工具
- 利用奖励和表彰

我的社区适用什么样的方法?

你可以根据自己社区对交流和知识转移的偏好，选择适合自己的知识咖啡馆形式!

- 扩大知识促成因素。分享那些已被证明有效的技术促成因素，确保知识用户能够获取这些因素。

- 管理自己的知识共享社区（如实践社区或咖啡馆会议）。
- 在知识文化的创建过程中融入变革管理原则。
- 多维度地衡量自己的进步或通过调查等方式来衡量知识分享的结果。
- 利用正确的技术工具来实现知识管理。平衡人员、流程、内容和技术之间的关系。
- 建立奖励和表彰制度。奖励会加快建立知识文化的过程，而惩罚则会抑制这一过程。
- 与各领域的领导和拥护者共同发展自己的知识实践领域和实践社区。
- 与信息管理部门合作，确定合作方式和知识共享平台以及必要的管理级别。
- 建立包含组织知识共享文化在内的完整技能组合（例如，信息技术、人力资源、传播学、图书馆和信息科学、变革管理）。
- 确定用知识文化提升组织价值的最关键方式。例如，通过实践社区和网络来增进组织成员的联系，通过大数据、人工智能（人机协作）、创新（新知识）来实现业务转型，并升级以下内容：企业文档管理、内容管理、提高可查找性和可搜索性、知识保留措施、聚合最佳实践、基于知识的工程、提高市场份额方案、安全记录、客户关系和满意度、成本效率、经验教训管理、获取和传播信息、内容和知识、相关人员等。

知识咖啡馆模式和知识管理文化应纳入企业的培训和发展。单向学习是咖啡馆文化的对立面，咖啡馆文化是一种双向的交流。知识文化创造了知识管理的环境，你必须有意识地计划好、执行好知识文化，并使之成为组织战略的一部分。

第7章

知识咖啡馆环境：趋势、未来和颠覆性技术

本章目标

- 讨论工作世界中不断变化的联系、项目知识转移趋势、自动化、人工智能和突发事件
- 探索知识管理的现在和未来
- 分析创新、知识共创和知识咖啡馆
- 列举当今市场上的知识管理软件

7.1 不断变化的工作世界：趋势、人工智能、自动化和颠覆性技术

麦肯锡全球研究所发布的《人力资源集团调查》（*manpower group survey*）阐述了与工作世界的变化相关的统计数据。

- 60% 的职业中已经有 30% 的工作任务实现了自动化。
- 当今 45% 的任务可以通过采用成熟的技术实现自动化。
- 84% 的企业将人工智能视为“竞争力的关键”。
- 70% 的人认为人工智能将对市场营销、客户服务、财务和人力资源等职能领域产生重大的影响。

自动化是否能提升知识文化

求职网站 builtin.com 指出，人工智能是指制造出的智能机器能够完成以往需要人的智力才能完成的任务，是计算机科学的一大分支。人工智能是一门具有多种方法的跨学科科学，但机器学习和深度学习的进步引发了科技行业几乎所有领域的范式转变。

在当今竞争异常激烈的全球经济和知识经济中，各个垂直部门的企业都在利用自动化浪潮来削减成本、增加收入、提高员工满意度、提供优质的客户体验，并在业务、信息战略和知识文化等其他事务上节省时间。我相信，企业势必会用自动化取代重复性的工作，借此加快流程、削减成本、提高效率、解放知识工作者，使他们能够专注于解决更重要的问题。

利用自动化

虽然自动化能够提升知识管理水平，但如果组织希望营造一个知识转移和交流的环境，还需要进行知识咖啡馆对话。Wrike[①]的首席执行官兼创始人安德鲁·菲尔福（Andrew Filev）详细介绍了利用自动化的步骤指南。

- 确保数据来自单一真相来源。
- 识别自己的工作中出现的可重复模式，由此可以从项目层面进行监督。
- 制定模板和工作流程。

① 一个跨平台的任务和项目管理工具。——译者注

- 实现重复性工作的自动化，如需求收集和工作输入、审查和批准，以及监控数据和过程的一致性。而知识咖啡馆可能是一次性的或连续的活动。

知识管理环境是建立在持续改进、团队承诺和完美执行之上的卓越文化，也是一种对话和协作，确保个人可以和团队一样高效地工作。

单一真相来源

每个组织都有大量的信息，系统和人员也有多元的知识结构。除非员工能够发现、使用和重用这些知识宝库，否则这些宝库不会创造任何价值。因此，毫不费力地获取信息是组织成功的关键。当信息用各种不同的格式存储在不同的存储库或储存在不同的知识工作者的头脑中时，会在整个组织中产生连锁反应，比如项目延迟、解决问题需要耗费更多的时间成本、重复的努力和任务、挫折、代价高昂的错误和返工。

事实是：我们需要一个完整的企业搜索解决方案，即一个易于访问的单一真相来源，比如知识咖啡馆。咖啡馆是知识和思想的汇集地和集合体。就信息而言，组织需要给员工提供一个单独的、个性化的空间，让他们无论身处何地都能获得所有相关的信息和见解。这也能够节省员工的时间，并影响组织的战略重点，包括节约成本、增加收入和降低风险等内容。

组织如何管理数据？为了创建单一的真相来源，或者至少有一个简单的方法整合组织中的所有数据源，以便组织成员可以相互交流，我们应该采取哪些措施？在知识管理的环境中，组织的主要工作必须来自单一的真相来源。为此，我们可以连接其他重要系统和记录来源，就像知识工作者连接思想一样。数据和信息策略必须与企业文化保持一致。

此外，我们还不能忽视敏捷性和个性化的过程和交付。知识管理环境意味着我们可以在提供个性化和定制化体验的同时做到快速适应。这意味着我们能够交付满足既定要求的、可预测的高质量结果。这意味着我们已经将自动化融入工作的各个方面以及管理知识的过程之中。

在 2020 年，我们看到了人工智能、知识过载和突发事件方面实现的惊人进步，如胶囊网络、临床注册、后台办公自动化从免费试验到高行业采用率等一系列变化。另外，我们也见到了一些具有威胁性的人工智能的市场力量，如自动导航、互联和自动驾驶汽车、新冠肺炎疫情等全球性的流行病、比特币、5G 和网络优化。

人工智能和自动化是否会取代项目知识

各行业都呈现出广泛使用人工智能的趋势，如人脸识别、边缘计算、开源框架、预测性维护、会话智能体、网络威胁搜索等。纵观所有这些技术，知识体现在哪里？知识管理筛选和划定了可以被自动化的工作或任务，也因此使那些不能自动化的关键知识被留作待创新领域。自动化的自由有助于组织完成增值任务，提升管理风险和问题的能力，提高在相关领域（如通信）的效率和组织的灵活性，并替代完成了常规的单调的重复任务。程序和项目知识的自动化有助于改进知识交流现状和新知识的共同创造。

麦肯锡全球研究所 2017 年发布的一份报告指出，在 60% 的职业中，有 30% 的任务可以实现自动化，当今 45% 的任务可以通过成熟的技术来实现自动化。组织成员只需要完成剩余的那 55% 部分需要技能和知识才能完成的创新任务即可。自动化并不意味着项目的难度会降低，相反，项目和程序经理需要具备更多的技能，从而适应新项目知识环境的复杂性。自动化和人工智能不会取代项目经理，而是会为他起到补充作用。

知识是人所获得的技能、经验和信息。人需要智慧才能应用这些知识。每个人都可以应用自己的智慧在项目、计划或运营活动中提供解决方案。知识咖啡馆的思维模式能够利用集体智慧，共同创造新知识。自动化使知识工作者能够掌握那些不断增值的技能，例如创造力、策略、同理心、执行沟通和分析思维。技术和人工智能的进步促进了项目管理的领域和研究内容的拓宽，以及创造了更多跨行业的知识管理。过去的知识资产如今会很快变得无关紧要。

敏锐的商业头脑 = 智商 + 情商 + 执行力

成功的领导需要智商（IQ：新的知识和理解力）、情商（EQ）和执行力（XQ）。项目经理和所有的知识工作者必须不断获取那些有价值的技能和知识：领导力、商业头脑（IQ + EQ + XQ）、执行沟通、情商和技术技能。在未来几年面对颠覆性技术引发的改变时，那些没有掌握这些技能或没有培养这些技能的人将变得无关紧要！那些善于利用知识工作者和共享知识资产的组织，会发展出新知识为组织创造新的价值并为他们的客户提供更好的解决方案。

自动化能实现什么样的结果

我认为，技术层面的知识都是短暂的。如表 7-1 所示，方法、技术和知识管理策略都是暂时的。然而，智力，即知识的应用却并非如此。我经常告诉我公司的知识领导人，过去使我们获得成功的经验知识不足以让我们守住当前的市场地位，过去的成功战略也不足以应对未来的挑战。如果你与人徒步竞走尚觉疲乏，又如何与人工智能的骑兵赛跑？所以，我们要从未来的趋势出发来管理知识共享和转移。

表 7-1　自动化的结果

以往经验	未来趋势
万全之策	提高细分和延展性，为客户量身定制
对企业的旧系统和过程不加修改	企业的数字化战略
沿用旧方式	现代化系统和数字化转型
糟糕的用户体验	净绩效评分提升
人工和重复的过程	自动化、建议和判断
传真机和打印机	电子签名
有限的见解	战略重点，以客户为中心，组织敏捷性
高成本	低成本
人为失误	降低失误、提高准确度
旧流程	实时、全方位、24x7 监控、集中的更有效的过程、能力更强、执行力更高
纸质	数字资产

组织和个人以前从未像当今一样拥有如此庞大的数据。正是由于互联网、电子邮件、视频、手机、社交媒体、物联网传感器和呼叫中心等这些技术的作用，我们才能获取如此多的数据。组织内的数据基本上来自同一来源。大多数数据被转换为信息，但却很少有组织能够同时将数据和信息转换为知识。这也将关系到所有知识型组织中的人机协作水平。

那些认同知识咖啡馆模式的组织会就如何管理数据和信息、将其转化为知识展开智慧的对话，最终将其打造成一颗永恒的智慧之珠。这些组织的非凡之处在于他们创造的咖啡馆环境是一个重视知识、发展知识的环境。

人工智能也会释放知识工作者的创造力和创新能力。想象一个这样的世界：物联网、3D 打印、混合现实、机器人、5G、区块链技术、量子、认知 AI 和机器人流程自动化的设计师聚集在一个咖啡馆中，共同创造知识。

微软近期委托《福布斯观察》（*Forbes Insights*）和弗里斯特咨询公司进行研究，进一步研究人工智能对知识工作者执行关键任务的益处，并帮助组织充分利用微软软件中“Everyday AI”的潜力。这次的研究很有说服力。人工智能已经是未来的趋势，知识工作者和人工智能之间联系日趋紧密。事实上，知识工作者是实现人工智能的前提，与此同时，人工智能既能使项目经理和知识工作者从事需要创造力和批判性思维的活动，又能简化流程。知识咖啡馆开启了掌握人机协作艺术的讨论，并赋予其可能性。毫无疑问的是，人工智能正在改变我们管理项目和工作的方式。

到 2030 年，随着越来越多的企业应用人工智能技术，全球 GDP 将增长约 14%，为全球经济额外贡献 15.7 万亿美元。高德纳公司的数据指出，2021 年，人工智能的广泛使用会产生约 2.9 万亿美元的商业价值，并使工人节省约 62 亿小时的生产时间。根据麦肯锡全球研究所的一份报告指出，到 2030 年，近三分之二的工作将有很大一部分的任务（至少 30%）实现自动化，将会影响大约 80 万个工作岗位，这意味着我们很快就会与机器人在同一隔间和办公室里工作！我们必须习惯人工智能，因为它将成为未来的商业语言。此外，机器智能会带来另一种有趣的知识共享氛围，也会引发新的挑战。我们大部分的工作学习都不是正式的培训，而是观察和知识分享，这两个都是不可或缺的过程。然而如今，我们只顾着提高生产力，而忽视了学习和知识共享。

以下是美国国家航空航天局对机器学习高级算法的解释，它们也将利用这一算法来推进其关键任务目标的实现：

利用机器学习自动生成任务准备阶段的安全信息

- 当员工被分配到一个新的项目、活动或任务时，机器学习算法可以检查安全和事故数据库，并汇总与该任务相关的安全信息（包括最新的机构和行业信息）。
- 系统将根据系统和项目生命周期发送总结电子邮件，突出强调与此相关的经验教训、学习文档和视频。
- 该系统将找出组织内从事相似项目的潜在专家或其他工作人员。

利用机器学习自动促成知识共享的机会

- 当通过 Outlook 共享日历安排会议时，机器学习算法系统将读取主题、议程和与会者等内容。
- 整理和总结有关该主题的最新机构和行业信息。
- 了解其他中心从事类似项目的人员，然后确定其他潜在与会者或专家。

机器学习会从根本上改变我们的工作方式。研究表明，人类倾向于将专业知识外包给机器和自动化系统。如果出现这种情况，年轻的学习者很可能会被排除在学习过程之外。就像福特 T 型车敲响了马车经济的丧钟一样，人工智能也可能会对知识共享构成严峻的挑战，因为人工智能对各个行业中的大多数人而言依然是陌生的，包括项目管理领域和工作场所。

在新的知识经济中，以技术为基础的三个变革给人类的生活带来了不可避免的冲击：计算机、互联网和机器学习。例如，算法能够指挥金融市场上价值数万亿美元的资产自动进行交易。

根据美国技术专家兼评论员戴维·温伯格（David Weinberger）的观点："当然，在这个过程中有很多人为的干预，从决定输入哪些数据，到为了获得有用的结果优化算法，再到检查结果查看系统是否在延续，甚至放大数据所不可避免的表达的偏差，这些都会涉及人为干预问题。"

在世界各地的客服中心，虽然人工智能聊天机器人正在取代人工话务员的角色，但全球技术委员会指出，聊天机器人"还不能理解人类的情绪，如讽刺、充满压力的表达等"。然而，"得克萨斯大学奥斯汀市分校的团队将人工智能整合到机器中，使它们能够处理现实的情况”。

像味噌机器人公司（Miso Robotics）制造的厨艺机器人可以翻转汉堡，并利用图像识别功能在高速分拣机上剔除未成熟的西红柿。市场研究公司旗下的子公司在其 2017 年的报告中显示，基于对来自制造业、零售、健康和公用事业部门的公司的调查，机器人被列为技术投资的重中之重。建筑行业也已经开始利用机器进行铺砖和开门，3D 打印机如今也可以建造混凝土房屋。欢迎来到第四次工业革命时代！这些令人震惊的现实正在改变眼前的一切——我们的生活、业务和知识管理！毫无疑问，机器将向专家和有经验的专业人士学习，他们是组织智力资本的守护者。我们是要向机器学习，还是说不再需要知识共享？机器的自我编程能力已经成为当前最令人惊艳的新发现。

鉴于机器可以在人类的一小部分时间里完成所有这些事情，那么它是否消除了人们对知识共享和专业知识的需要？在互联和自动驾驶汽车、智能道路、无人驾驶飞机和无人机的时代，我们的学习和知识共享呈现出了全新的维度。从这个角度来看，你或许会认为人类没有再进行知识共享的必要，因为机器将会取代人类的知识，但现实并不会这么快到来。此外，机器尚且不会自己学习，还需要人类向机器传授知识，比如专业驾驶员和飞行员的知识分享和学习。当机器接替人类的工作时，人类没有分享的知识也会随之蒸发！

机器学习需要人类的知识，当我们失去那些还未过时的知识时，也会遇到诸多麻烦。知识咖啡馆的概念填补了当前缺失的一个理论的、协作的系统，通过这个系统，所有世代的工作者都可以传授关键任务的业务知识。知识咖啡馆的概念表明，大多数变革发生在家庭和办公室之外。事实上，这些变革都发生在知识咖啡馆之中。学习者之间建立联系的对话和合作空间从未像现在这般重要。所以，鉴于当今世界 98% 的信息都掌握在人类的手（电子设备）中，我很难相信教室未来依旧是知识的最佳传承载体。

雪莱·戈德曼（Shelley Goldman）的研究很好地说明了在课堂环境中通常被忽视或被故意破坏的丰富的人际互动。在戈德曼看来，课堂是一个重叠的世界，在这个世界里，学生们通过相互之间的对话，构建自己的理解和身份。如果课堂的环境不重视人际的互动，那么就会大大影响学生的学习潜力。作为知识工作者，学生们明显有能力“按照自己的方式与他人一起完成任务”，并在会议、研讨会和课堂上按照自己的方式学习。她认为，作为学习者，我们的交际任务不会对完成科学任务产生反效果，甚至可能还是完成科学任务的必要先决条件。

“当小组参与概念性学习对话时，小组成员会变得非常亲密、专注和统一。”

> 幸运的是，教室往往配有高效的防止知识盗窃的安全措施。知识工作者可以从由其他更有经验的知识工作者和正在进行的、实践社区的社会共享实践组成的社交圈“窃取”知识。
>
> ——布朗和杜吉德（Brown and Duguid）

几十年来，机器人早已在工厂里代替人类完成了各种重复性工作。归根结底，自动化、人工智能和其他颠覆性技术将创造一系列新的角色以及相应的问题。解决这些问题首先需要当前的项目经理、知识工作者和员工的专业知识来理解这些问题，创建解决方案，并分享新解决方案的专业知识。每种解决方案都会为新的知识挑战带来新的问题，所以，你需要立刻分享你的知识，否则它很快就会变得无关紧要。

7.2 创新、共同创造知识以及知识咖啡馆

位于东京千代田区的德国日本研究所指出，“有研究表明，特别是在新产品上市或抢占新市场时，知识创造和转移以及公司内部和跨公司的合作对项目的成功至关重要”。而合作和知识共享是培养创新的最佳方式之一。知识管理、共同创造和创新涉及管理组织及其顾问、客户、供应商和竞争对手内部的知识。在当今的项目和知识经济中，公司脱离了外部实体无法存活。“对于公司而言，与商业生态系统中的外部利益相关者和其他实体合作并共同创造知识和价值变得尤为重要”。

有几个因素将促进这种合作，促进知识和创新的共同创造。共同创造是一种合作行动，它像众包一样，是从一群人中寻求信息和想法。因此，知识共创表明创造知识需要各方的共同努力。

首先，领导和组织文化不仅为催生创新的知识共创奠定了基调，还能对此进行治理。领导促进组织各级的协作，利用新的社会技术进行协作。维基百科中对社会协作的定义是“帮助多人或群体互动和共享信息，从而实现共同目标的过程”。这个概念表明，社会协作是自然或有机的，是以群体为中心的协作。

如果能够奖励知识共享，并获得领导层的认可，的确可以激

发创新。简单地说，这种组织文化或办公环境给项目经理和所有知识工作者提供了公开和诚实交流的空间。因此，员工之间可以自由地建立起有意义的关系。协作和知识共享被有意地注入组织的文化中，并反映在组织日常的运营中。

其次，另一个关键因素是为计划、项目学习和实践经验教训。人们狂热地想要获得新知识和新思想，但又有多少人认识、反思了自己的错误，并从自己的错误中学习总结了经验教训？有多少人曾经盘点过自己都掌握了哪些知识？在这些经验教训的基础上，不断改进自己，才能见证新知识和创新的爆发！只有在领导层和组织文化中融入了创新、发明、新思想、美学、权利和自由的提升、流程改进、经验教训的实施文化、成本效益文化，以及加大力度实现知识共享，组织的文化才能发生显著的变化。

得克萨斯州交通部为了实现组织的良好运行，安排了一系列专门的岗位。这些岗位肩负着业务转型、卓越运营和创新的责任。我恰好是该团队的一员。虽然多个部门和地区都有专门的岗位来履行这一职责，但我们还是在该组织的战略和创新部门下单独设置了一个分支机构，由战略规划部门领导。根据我的研究，最重要的是要在你的组织中建立一个专门负责促进创新和知识共享的职能部门。为了共同创造组织知识和创新，这些专门的岗位必须有针对创新和共同创造的具体目标，有具体的合作活动和成功因素。一些组织已经设置了专门的岗位，如创新项目经理、未来主义者、促成者、创新侦察员、战略师、创新者、过程改善经理、想法发现者或经理。这与我之前谈到的知识管理的主动性不谋而合。此外，安排专门的岗位也意味着要规定与这些岗位有关的目标和活动。

知识咖啡馆是创建一个知识共享社区。这意味着有多种正式或非正式的方式将组织成员聚集在一起进行学习、开发和信息共享，记录创造出的新知识，测量结果，分享机构的历史或经验故事。

7.3
知识管理软件

说到知识管理软件，没有哪个软件能够满足知识管理的所有要求。你可以根据以下标准，衡量哪款知识管理软件适合你的组织：

- 便于使用的界面，易于学习和使用。
- 自助式的用户支持。
- 可用于平板电脑和智能手机的知识管理移动应用程序。
- 成熟的索引和搜索功能。
- 能与其他系统和软件共同使用。

知识管理软件：

以下是金融在线网站推荐的2020年最好用的20款知识管理软件。

1. Zendesk
2. Atlassian Confluence
3. Document360
4. LiveAgent
5. 易酷乐
6. Zoho Desk
7. Bloomfire

8. Bitrix24
9. ProProfs KnowledgeBase
10. ServiceNow Knowledge Management
11. Inkling Knowledge
12. Remedy Knowledge Management
13. Guru
14. Inbenta Knowledge Management
15. Tettra
16. KnowledgeOwl
17. Helpjuice
18. RightAnswers
19. ComAround Knowledge
20. MyHub

7.4 案例研究：知识转移的未来充满惊喜——加布·戈尔茨坦，项目管理硕士

项目管理硕士加布·戈尔茨坦（Gabe Goldstein）提供了关于该案例的研究。戈尔茨坦曾与我一起在美国项目管理协会奥斯汀市分会担任供应商关系主管。正如戈尔茨坦所说的那样，每个人都被卷入了知识转移的艺术中。

从我的工作经验来看，在对有组织的和系统化的材料的认可下，为了实现合同（或组织）的利益，知识转移常常作为部门活动中的任务来执行。或许部门成员的大脑中已经勾勒出了一幅图

形，可以描绘出组织的横向和纵向的共享知识。在我看来，知识转移是一种情境化的信息（专门知识），在组织需要的时候，传递给组织内部相应的知识用户，你也可以说这是组织内部的成员在履行自己的日常职责。知识管理的未来是知识交换与转移将成为所有成员日常工作的一部分。

许多组织已经决定将知识管理作为一种独特的、专门的仪式，其形式包括专业培训、继任计划、知识访谈、持续学习、新媒体合作和分享。组织通过研讨会或工作会议来完成上述的步骤。在这些会议中，知识转移是在高级管理人员的监督下，或在知识领导的协助下进行的，并根据组织的命令链或权限级别，起草相关会议的议程，在某些团队内共享工作知识。根据组织职位的等级不同，基层的知识转移只是简单地给予指示、指导和密切监督。在中层管理层面，知识转移则更为复杂，至少涉及信息收集、评估和分析计算。这种知识转移的目的是对决策所需的相关信息进行分类和选择。高级管理层在传递知识时更多的是利用领导特质而不是管理技能。这一特质主要体现在决策方面，并转化为需要下级执行的项目行动列表。

在我的职业生涯和知识转移的经验中，或许使用最广泛的知识转移方法是为了分享知识而组织的工作会议、站立会议、咖啡馆式的协作。无论是面对面的会议还是线上会议，这些会议在很大程度上都依赖于各方之间的知识交流，从而提供各级人员工作所需的信息。各类机器都在利用数据进行分析，并迅速采取所需的行动。机器分析涉及的知识转移较少，因为它主要是用于创建输出。目前，人类通过使用机器执行程序来传递知识。未来的知识，不管是通过人类还是机器实现的知识转移，都充满了惊喜。

戈尔茨坦认为最有效的知识管理工具是咖啡馆式的协作会议和站立会议，他指出知识管理应该成为组织成员日常工作的一部分。的确如此！知识管理应该是我们日常工作的一部分，它需要被纳入我们日常工作的流程中。自动化和机器的兴起将迫使人类充分发挥自己的知识管理能力。当机器代替人来完成工作流程中的重复性工作时，其积累的智慧、经验或深度智能将占主导地位。人类的核心能力，如好奇心、想象力、情商、团队合作、同理心、适应力、创造力、社会智商、意义创造、适应性思维和批判性思维等，除非通过人与人之间的互动，否则很难转移。知识咖啡馆是一种人机交互式的知识管理方式。在知识咖啡馆中的对话和其他社交互动将成为人们最重要的知识管理方式。机器永远不会帮助我们转移人的好奇心或同理心，所以我认为，在人工智能使知识变得难以管理之前，人类应该主动开始管理知识。

第8章

应对艰难对话的知识咖啡馆

本章目标

- 提出如何解决复杂情况的建议，如在知识咖啡馆中讨论开发和运营环境中的安全问题
- 说明如何用知识应对变化带来的痛苦

8.1 “我认为不存在种族问题”是无稽之谈：通过知识咖啡馆的对话实现种族和解

我呼吁知识咖啡馆关注理解种族正义的主题。你认为自己了解另一个种族吗？未被应用的知识是无用的知识，只有被应用了的知识才能变成智慧。你用智慧建造了一个能够容纳一家人的房子，其中的家庭成员性格各异。但如果缺乏理解，房子就会倒塌。你应该用知识建立、振兴这个家，并使这个家（也就是现在的家）的面貌焕然一新。

史上最聪明的人之一所罗门王（King Solomon）曾说过：

> 房屋因智慧而建造，又因聪明而立稳。其房间因知识而充满各样宝贵美好的财物。
>
> ——《箴言篇》(*Proverbs*)

他强调的是智慧、知识，尤其是理解，这是我们成就事业的唯一工具。此外，还有正义和公平。二者缺一不可。

每个人都认同，处理种族问题的方式有对有错，所以种族问题可能是最具挑战性的对话。有些人会从正义的角度看待这一问题，但有些人会从公平的角度来讨论种族问题。辩论双方的一些人都从自以为是的观点做出了回应。然而，我的任务是为双方搭建一个沟通的桥梁，成为双方的调解者。处于这个便利的地位，我发现一些人一旦进行有关种族问题的讨论，他们就会迅速地进入自己的领地。有些人保持沉默，这当然可以理解，因为他们不想说错话，也不想被抨击为种族主义者。

虽然许多诚实的白人朋友能够真诚地谈论种族问题，但他们不知道对方会如何理解他们的真诚。他们认为自己非常了解黑人和棕色人种，所以经常会在无意中做出可怕和无礼的评论。有些人甚至认为你越诚实，你的政治立场就越正确，但事实并非如此。

一些诚实的黑人和棕色人种让其他人对他们祖先造成的种族不平等问题感到内疚，甚至让他们在余生中如履薄冰。恐怕这也是不对的。因此，理解才能阐述实际的问题。在过去的 18 年里，我把不同种族的人聚集在一起，进行咖啡馆对话。因为我秉持着咖啡馆的思想观念，我相信我非常理解和同情每一方，不存在所谓的“我认为不存在种族问题”的说法。每个人都有偏见和歧视，但这并不意味着我们都是种族主义者，只是我们缺乏理解、缺乏行动。

一个社区可以通过多种方式开启这类艰难的对话，而不仅仅是谈论种族问题或选边站。我们需要知识和智慧，但对于解决种族主义及其引发的不良后果而言，最重要的工具是理解和诚实。

我认识一些罪人，他们用汽车保险杠上的标语和口号掩盖了真实的自己，不愿意进行沟通。所以知识领导者需要带头，主动走向谈判桌。

有多少次你因为害怕说错话或自我防卫而保持沉默，说“问题不在于我”？在这种情况下，你最好清楚自己要说什么，否则就保持沉默！也有些人会成为“变色龙”，他们害怕暴露自己的真实本性。消除种族间隔阂的解决方案很简单，只需要说：“我想了解你所在社区的人们是如何感受、思考、交谈的，以及为什么。”啊哈！当明白这一问题的答案后，你只需要鼓起勇气，克服恐惧。同时，我们也要认清现实，每个人都有种族的概念，不管是有意的、无意的还是本能的。所以，我们需要组织一次知识咖啡馆活动，让大家互相倾听、提问、理解和对话。

8.2
知识咖啡馆、DevSecOps 过程中的安全问题，以及敏捷式 / 瀑布式项目管理

知识咖啡馆提供了一个没有偏见的空间，参与者可以在其中表达疯狂的想法，让其他人思考并测试这些想法。我们如果没有可以冒险的空间，就不会产生创新。你也可以说知识咖啡馆已经超越了一个实体空间的概念，是一个“思想上的安全空间”。

如前所述，知识咖啡馆是一种简单的思维模式，这种思维模式有助于设计知识管理环境。通过知识咖啡馆的方式，任何复杂和具有挑战性的情况都有进行对话的可能性。你可以利用这种思维方式和空间来应对软件开发和 IT 运营（DevSecOps）中出现的

安全问题。

2019 年，仅有几项对巴尔的摩市、美国临床肿瘤协会行业公司和气象频道被勒索软件攻击的新闻占据了头条。《网络犯罪》（*Cybercrime Magazine*）杂志指出，到 2019 年底，勒索软件将从 2018 年的每 40 秒攻击一家企业提速至每 14 秒攻击一家企业，到 2019 年，全球由勒索软件造成的损失预计将达到 115 亿美元。2019 年的新冠肺炎疫情全球大流行扰乱了我们的卫生医疗系统，暴露了人类的脆弱，并让人类开始关注到卫生医疗研究在国家安全中的关键作用。所有行业的研究人员都被迫采取了全面的安全防控措施，要求设备制造商对安全负责，通过优化设计来提高安全性，并培训所有人员形成最基本的网络卫生和安全意识。

我们会在网上购物、处理银行业务甚至寻找真爱，而黑客们也正忙得不可开交。是否只有某些利益相关者，比如 IT 运营团队，才需要考虑网络安全性的问题？软件开发和 IT 运营（DevOps）的安全接口在哪里？是 DevSecOps 吗？看板（即时）和 Scrum 敏捷方法是 IT 运营的帮手，组织可以使用这些方式来加速和改进产品的开发和发布。那么，我们如何才能领先黑客一步呢？

如何利用开发运营或瀑布式 / 敏捷式的团队工作方法，在相互竞争、截然相反但互补的团队成员中寻求支持者？瀑布式的项目管理是一种传统的或结构化的项目管理方法。它能够创造可预测的结果，但通常非常死板。与之相反的是敏捷式的项目管理方法，该方法被视为一种基于增量、迭代方法的思维模式，主要用于需求不明确的项目，如软件开发。敏捷是一种从精益思维中衍生出来的项目管理方法论。敏捷软件开发的方法论乐于接受随着时间的变化而产生的需求变化，并邀请最终用户持续做出反馈。

朋友们，你可以在公司的开发团队中寻求安全支持者，在瀑布团队中寻求敏捷支持者，在运营团队中找到项目支持者。例如，IT 安全团队和软件开发团队有一个共同的目标，就是将高质量的代码投入生产。然而，我们是否经常看到宗族控制、不切实际的期望和它们之间的矛盾？

DevOps 是一套集合了软件开发（Dev）和 IT 运营（Ops）的实践、思维模式或文化，用以缩短软件开发的生命周期。与其他商业意识形态一样，DevOps 的目标是在编程敏捷性和以客户为中心的情况下，频繁地交付产品的特性、修复和更新。这将后续的运营提前引入了开发的生命周期，以确保新产品和系统的可支持性。在 IT 软件开发的轨道上，团队面临着如何更有效地一起工作、更自由地进行创新和协作的挑战。DevOps 的生命周期如图 8-1 所示：

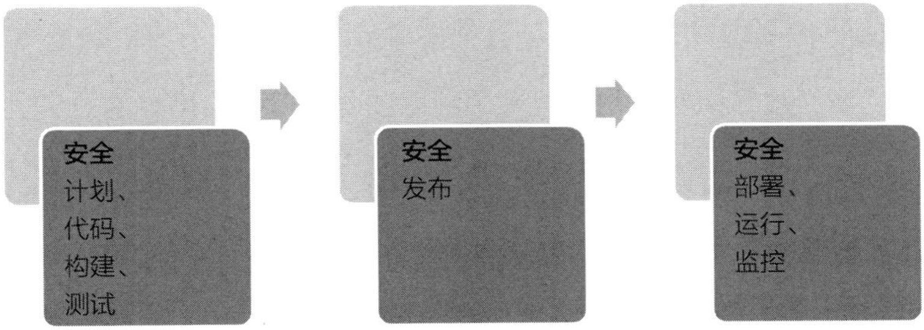

图 8-1　DevOps 的生命周期

一项研究表明，“DevOps 市场规模预计将从 2017 年的 29 亿美元增长到 2023 年的 103.1 亿美元”。

DevOps 的好处

较于传统的分离式的开发和运营，DevOps 拥有诸多好处。因此，它提供了许多服务，包括：

- 通过早期识别自动化机会来实现更大的自动化。
- 在正确的文化中提高对系统结果的可见性。
- 在正确的文化中有更好的可扩展性和可用性。
- 更大的创新。
- 更好地利用资源。
- 更快、更好的产品交付。
- 更快地解决问题和降低复杂性。
- 更稳定的操作环境。

敏捷和 DevOps 的有机组合不仅创造了框架、正确的思维方式、统一的责任和文化，还能构建创新和数字化转型的环境。此外，它们提供了更大的可视性，也更易于节约成本（或避免浪费）。

当今世界面临着越来越多的网络威胁，博学的黑客的数量也呈现出激增的趋势，他们的工具和手段也日趋成熟，打败了所有普通大众，欺骗他们的钱财！黑客甚至早于主流的软件开发人员开始从事敏捷编程，并且一直以擅长敏捷编程而著称。所以目前，即使应用程序和组织的网络都变得越来越复杂，组织和个人也仍然面临着前所未有的安全漏洞。在知识经济时代，我们生活的方方面面都在走向数字化。

为什么不在 DevOps（DevSecOps）的内部组织一次安全咖啡馆

如果安全不能贯穿 DevOps 的全过程，就会变成一个笑话！很多 IT 运营的工作都是可以计划的，比如在数据中心之间流动、重大系统引发的改变或执行系统升级。在此过程中，你有充足的时间进行提前计划。然而，大部分操作工作却都无法提前计划，因为我们没有充裕的时间来准备。当安全性受到威胁时，要么会出现系统中断的情况，要么会出现性能峰值。这些问题需要立即解决，无法等到下一次的应对冲刺计划会议或系统升级时再解决。所以，是时候接受帕特里克·迪布瓦（Patrick DuBois）的 DevOps 思想，将目光从冲刺计划转到看板。DevOps 帮助团队跟踪以上两类工作，并帮助团队理解这两类工作之间的相互作用。根据艾特莱森软件公司敏捷教练伊恩·布坎南（Ian Buchanan）的说法，团队可能会采用一种混合的方法，通常称为敏捷看板或包含待办事项的看板。

最常见的问题源于开发和运维责任的不确定性。DevOps 团队面临着尽快开发和利用软件的压力。俗话说，多个团队共同拥有的山羊终会被饿死，因为每个团队都希望另一个团队去喂羊！坦白说，DevOps 中的某个团队很容易认为另一个团队已经完成了必要的安全任务。如果在你的组织中，IT 开发人员也是安全保障者，需要在团队同事中提倡安全意识，并在整个企业中推广安全知识，那么软件开发的效率能有多高？

在知识咖啡馆团队中，团队成员会形成一种友谊或革命情谊，能更加理解和认同彼此的负面情绪（比如压力）、优先事项和利益冲突，并认为“大家同在一个团队中”。当我们了解彼此的分工时，所有成员都更易于完成工作。在不可逆转地向 DevSecOps 转型的过程中，我们可以利用知识咖啡馆的方法将安全性进一步融入研发组织中，并在开发周期中更早地向组织成员灌输安全性意识。用知识咖啡馆的心态来管理和利用集体知识，势必会带领组织走向成功！

技术共和国网站[①]指出，50% 的公司仍处于实施 DevOps 的过程中。高德纳公司的数据显示，截至 2023 年，90% 的组织将实施 DevOps 计划，而 90% 的 DevOps 计划将无法实现预期的成果，这并不完全是因为技术原因，而是受制于领导方法的局限性。请牢记知识管理的促成因素：人员、流程、内容、技术、信息。如果人员和文化不够坦诚，任何流程（包括 DevOps）都会失败。所以若想让组织的成员参与知识咖啡馆，要先解决人员的问题，才能为成功奠定安全可靠的基础。

安全是所有利益相关者的责任。在项目管理中，人人都要为质量负责。同理，在组织中，每个人都要对安全负责。我们已经打破了知识孤岛，走向跨职能空间、协同创新、共担安全责任、持续整合和持续发展。组织以安全工作为导向，开展合规工作，改变组织对市场和风险降低时间的反应方式。

知识咖啡馆是一个集安全与 DevOps 于一体的空间

我将向你展示知识咖啡馆的思维模式是如何解决安全性问题

① 一个为 IT 专业人士提供在线商业出版物和社会团体的网站。——译者注

的。开发人员必须适应新的激励机制，如企业范围内的协作、品牌和指标。知识咖啡馆的思维模式是信息孤岛的终结者。请你召集 DevSecOps 团队的所有成员今天就到咖啡馆中！知识咖啡馆将不同的团队集结在同一个空间内，在此开始讨论并利用集体知识。

这必将是一场艰难的对话。知识咖啡馆本着以安全为核心的目标将开发和运营团队召集在咖啡馆中，就安全、流程改进、上市速度、创新等主题进行开放式的、创造性的对话。安全是大家共同关心的话题，因此团队在此召开咖啡馆会议是为了探索集体知识，分享彼此的想法，并对所涉及的问题产生更深的理解。虽然每个人都掌握了一些知识，但知识只存储在了咖啡馆中。

咖啡馆可以连接员工、DevOps、敏捷型和瀑布型团队以及主题专家；改善人际关系；打破组织中的孤岛，提高信任、创意、创新和敬业度。一些尖锐的问题常常是推动举行这类咖啡馆活动的关键，比如我们如何在开发的过程中兼顾安全问题？DevOps 的安全接口在哪里？DevOps 之间的相互作用在哪里？将敏捷转到看板，DevOps 会有何看法？瀑布和看板的位置在哪里？等等。

如何保持自然对话的流畅性？咖啡馆是一种对话，而不是辩论，它营造了一个消除恐惧和预期结果的工作环境。影响工作环境的关键因素在于，在这个空间里的每个人都有平等的发言权。这是一个安全的学习空间，它应该像走进咖啡馆喝杯咖啡或喝杯茶一样简单。

8.3
实践咖啡馆：在行动中汲取建议和教训

在论述实践咖啡馆的章节中，我希望你能够参与到探索咖啡馆的简单性和敏捷性的实践中来，分享你学到的经验教训，并将它们与我的经验进行比较。

1. 拿起你的咖啡或茶。

①我不提倡 DevOps 团队召开站立会议（已经有太多的会议了），也不提倡召开总结经验教训（因为团队还没有学到任何东西）或事后回顾（我们需要在开始和结束时牢记安全、保障和质量，并将此作为团队的文化）的会议。不，我并不是在提倡另一种过程或方法。

②我提出的是一种咖啡馆式的思维方式，它可以解决所有利益相关者在文化和关系方面所共同面临的问题。这是一个关注文化的地方，而不是关注过程或技术地方，是一个欣赏每个利益相关者在安全的数字转型中所发挥的作用的地方，是一个着眼大局的地方。

③根据我的经验，更健康的知识管理体系为各利益方和赞助人营造了一个互动的空间。咖啡馆将各类人群，有时甚至是陌生人，随机地召集在某一个地方。我本着使知识管理过程形式化和制度化的终极目标，邀请从业者到知识咖啡馆进行头脑风暴、调查、聚合并优化多个可用的知识层次。

④相较于任何传统的课堂或无聊的会议，我能从咖啡馆的环境中学到要多的东西。我在咖啡馆中做志愿者的时候，遇到了我认为最好的、最有意义的人。我所有最好的、想要变成现实的想

法都来自咖啡馆。我在咖啡馆中克服了自己最大的恐惧，遇到了自己最好的朋友。

⑤咖啡馆是知识管理的敲门砖。正是这种以工具和空间为中心的思维方式，加速和提升了对话的非正式性，使人们避免专注于文档、物品和烦琐的形式。

⑥在咖啡馆会议期间，人们可以自问自答地提出诸如“开发团队和运营团队，哪个团队更重要？”的问题。接着回答说：“开玩笑！两个团队同样重要。”

⑦ DevSecOps 咖啡馆中可能会问的问题：

- 谁负责安全问题？
- 你的职责会对我的职责产生哪些影响？我们如何共担安全责任？
- 我们如何共同降低系统中的风险和漏洞？
- DevOps 会在哪里遇到安全问题？我们如何努力实现数字转型的成功？
- 敏捷思维和 DevOps 在高效创新中起到什么作用？
- 技术创新者如何促进企业的数字化转型？国际数据公司认同的创新示例包括物联网、认知 / 人工智能系统、次世代安全、3D 打印、增强与虚拟现实、机器人、无人机、区块链、互联消费者以及互联和自动驾驶汽车。

2. 使用 DevOps 和敏捷思维来快速失败，从而提升迭代速度，并加倍努力实现协作创新。

3. 所有利益相关者都要对安全、保障和质量负责，并将此融入团队文化。

4. 践行咖啡馆的思维模式，即用对话的方式来解决问题，而不是互相指责。

5. 高效地实现创新。

6. 举办知识交流活动，借此了解如何以及何时整合不同的项目管理方法，从而满足不断变化的客户需求，并在项目生命周期中取得成果。利用知识咖啡馆探索如何以及何时根据《项目管理知识体系指南》第六版来整合项目生命周期的方法。

①预测型生命周期：一种项目生命周期的形式，在项目的早期阶段就确定了项目的范围、时间和成本。

②迭代型生命周期：一种项目生命周期的形式，通常在项目早期确定项目范围，但随着项目团队对产品理解的加深，会例行更改项目的时间和成本。

③增量型生命周期：一种逐步调整的项目生命周期形式。在这个生命周期中，可交付产品通过一系列迭代而产生，需要在预先决定的时间框架内不断添加功能。可交付的内容包含必要的和充分的能力，只有在最后的迭代完成之后才算是交付了完整的产品。迭代型生命周期通过一系列重复的周期来开发产品，而增量型生命周期则是依次增加产品的功能。

④适应型生命周期：融合了迭代型和增量型生命周期特质的项目生命周期形式。

8.4 处理因变革而带来的损失的知识咖啡馆

你或许会疑惑，在知识管理的生态系统中，哪部分可以用于“处理因变革而带来的痛苦”？不论是举办咖啡馆活动，还是运用任何其他知识管理元素，都会给组织带来一定的变化。变化会带来短暂或永久的副作用，所以了解如何处理这些痛苦也是组织的一项至关重要的工作。处理变化的方式因人而异。我记得几年前我在一家公司工作时，管理的变革引发了组织的重大人事变动，退休人数激增了 42%，也有一些人离开公司去从事其他工作。从变化中吸取教训是知识管理必须探索的一个重要方面。以下是我如何利用咖啡馆的概念来处理家庭和组织环境中出现的变化。

我们在一栋房子里住了 12 年。住在那里期间，我有了两个孩子，他们也一直很喜欢这栋两层的房子。所以在 2016 年秋天，孩子们反对我们卖掉这栋房子，甚至拒绝在更好的社区买一栋更大更好的房子。我和妻子趁孩子们不在家时，做出了搬家的战略决定。新的社区学校不论是在教学方面还是在体育方面，都是当地最好的学校。一年后，我七年级女儿参加的女子排球队和篮球队都是战无不胜的球队，她们此前几乎从未被击败过，赢得了所有的地区冠军。我八年级的儿子所在的男子足球队也未尝过败绩。与该地区的其他学校相比，这所学校的教学水平也非常出众。

我知道我们搬家的时候，两个孩子失去了一些朋友，但现在他们坦言自己已经交到了很多新朋友，也喜欢住在这个社区。如今，我们的社区更加宁静，设施也更加便利，等等。然而，每次我开车带着孩子们经过我们的老房子时，他们的内心依旧感触良多。在他们心里，他们还是更喜欢我们的老房子，他们仍然沉浸在失去童年家园的痛苦中。这一点非常令人感动。

家庭咖啡馆

我完全可以告诉我的孩子们不要抱怨，因为我们如今生活在一个更好的社区，但这样的做法并不好。我也可以带孩子们进入知识咖啡馆，完成以下事情：

- 理解他们的痛苦
- 接受他们的痛苦
- 告诉他们如何处理和克服痛苦
- 引导他们接受现在和未来

俗话说，如果你不能打败他们，那么就成为他们的一员。然而，成为他们的一员并不意味着你已经做出了改变。有时候，改变只是位置上的变化，而我们的情绪和精神状态却还停留在过去。改变并不意味着痛苦会凭空消失，痛苦可能会一直停留在那里，在你治愈它之前，你需要长时间忍受痛苦。显然，我们需要用知识来处理生活中所有的问题。

咖啡馆式的思维模式是一种很好的解决方法，可以使复杂和棘手的问题简单化。关系咖啡馆的态度和氛围融合了调查和分享，确保了开启讨论的简单性、激情和生态系统。因此，关系咖啡馆适用于我们的工作和个人生活。

在这部分，我想集中讨论由改变的损失所引发的痛苦。毫无疑问，有些改变自然会让人难过，不仅仅是因为改变本身，更是因为人们所失去的东西。或许这些损失对你我来说可能微不足道，但对他人而言或许会在很长一段时间内都承受着这些损失带来的痛苦。所以，即使我们实现了知识共享的文化，有些人也依然渴望在知识孤岛中工作，因为这种改变会导致他们失去自己的孤岛、隐私，以及对事物的情感和精神依恋。即便我们在咖啡馆式的知识管理计划中讨论了改变和其可能引发的痛苦结果，却依然不会有什么实际的效果。

我碰巧作为变革的倡导者参与了一个耗资 3.75 亿美元的校园整合项目。在这个项目中，我把我们非常有效的一些原则分享给了其他的变革倡导者。此次整合工程将会对大约 2 200 名员工产生重大的影响，因为新的校园将是一个极具 21 世纪特色的尖端工作环境。虽然大多数员工都很兴奋，但仍有一些人似乎为即将到来的变化而默默忍受着一些痛苦。

在咖啡馆中学习教训

邀请所有的利益相关者参加一次咖啡馆式的讨论，讨论我们从改变中学到的教训，以及希望避免一些由改变所引发的痛苦。摩西·阿德科博士称其为“学习教训”。

1. 像计划和执行一个项目一样来对待变化。

2. 每个人化解痛苦的方式都不一样，所以有些人会在处理变化时畏缩不前，而另一些人则掌握了管理变化的技能和知识。咖啡馆可以将这两类人聚集在一起，共享关系性知识，而不是事务性知识。

3. 变化就像手术，所以你首先需要注射麻醉剂，并在变化之前做好计划。如果第一刀下去，有人就开始流血，请你不要表现得很惊讶，要给他们一定的时间来接受改变。

4. 即使你认为这些改变非常的微不足道，也不要对此抱自以为是的态度。

5. 在计划和执行的过程中，将那些会因改变受到影响的人考虑在内。

6. 让那些将受到改变影响的人拥有变化项目的所有权。人们不会抵制或反对由他们负责或能够促使其成功的项目。

7. 在管理变化时，可以综合使用瀑布法和敏捷法。在我此前工作的组织中，曾经计划运行大型的企业软件。该项目历时两年，实施了半年的时间。在部署之前，有几名员工由于变化太快、太大而离开了公司。项目团队计划并执行了该项目，但最终用户几乎没有参与。如果他们采用一种敏捷的方法，可能会逐步运行该软件，而不是一次性地落实。迭代的方法不仅能产生短期的成功，也能保证最终用户对该项目的了解和全程参与，提高他们的接受程度。

人们如何应对改变带来的痛苦

不同部落、种族、性别、族群和经济阶层的人都会经历变化和痛苦，但每个人的应对方式都不相同。当人们处于痛苦之中时，这种痛苦的情绪也会反映到他们的行为中。痛苦有时会导致怨恨。处于痛苦中的人有时会说一些可怕的话来表达他们内心的沮丧。在流行文化中，当社会中的一些人（被忽视的多数人、中产阶级、少数族裔或弱势群体）表现出痛苦的迹象时，专家们很快就会给这群人起一个难听的名字，教唆他们放弃抵抗。有些人则会用一些优雅的方式来应对痛苦，而有些人则压根不会这么做。比如，有人失去了自己爱的人、宠物、从事了几年的工作，或他们非常喜欢的办公室，又或者是因为远程办公打乱了灵活的工作时间，他们非常悲伤。有些人在失去心爱之物或人后，会生病或抑郁，尤其是当他们对失去的东西有某种情感或精神上的依恋时。

因为改变而带来的痛苦及其损失：

- 自由
- 灵活性
- 朋友
- 离工作地点近
- 装饰
- 物品和纪念品
- 精神和情感依恋
- 熟悉
- 孤岛
- 隐私
- 所有权
- 和平
- 舒适区

你如何知道自己因为改变而痛苦？

- 头痛、背痛或胃痛，尤其是当你回忆起发生的改变的时候
- 食欲减退或改变饮食习惯
- 因为这种变化让你感到不安，所以你想提前退休或另找一份工作

- 对同事和你爱的人感到烦躁不安
- 比平时更嗜睡
- 饮酒增多
- 做白日梦
- 愤怒和沮丧的感觉

无论他们失去了什么，我们都应该理解别人的痛苦。痛苦有不同的类型，所以当变化发生时，你会惊讶地发现人们究竟是为何感受到情感和精神上的痛苦。如果人们因为丢失了墙上的照片、旧咖啡壶或特别的垃圾桶和复印机而悲伤，即便他们所经历的改变是获得了更好的复印机、现代化的办公室，也不能告诉他们不要为此悲伤，算了吧。例如，玛格（Mag）27 年来一直在一个狭小的办公空间里从早上 8 点工作到下午 5 点。在那个私人的空间里，她摆放了一个咖啡壶、自己的垃圾桶、家人的照片，并在墙上和桌子上放了一些纪念品。如今，我们想让她加入大的集体，每周进行两次远程办公，她要在一个不那么有趣、有时还有很多奇怪的陌生人的工作空间里与其他同事共用隔间，使用统一的复印机和垃圾桶，或许对她而言，最痛苦的是接受新的现代化的精致隔间里的装饰。不得不说，这真的是一次重大的转变！对于千禧一代来说，或许这不是什么大问题，但对于老一辈人来说，这可能是一个巨大的担忧和痛苦。

玛格觉得她失去了自己的身份和自由，内心非常痛苦，她对此前的工作环境、团队和工作日程充满了依恋。我们必须承认这种痛苦是真实存在的，所以我选择和她一起面对痛苦，因为我承认这是一种真正的痛苦。

或许最好的治愈方式是在一个由有相似痛苦的人组成的实践

社区里谈论这种痛苦，所以需要有一些专门针对这类知识交流和互动的咖啡馆活动。

8.5 实践咖啡馆：从处理变化带来的痛苦中收获的建议和教训

以下这些建议，或许可以帮助人们度过搬到一个新地方、职业改变、失去朋友或爱人的痛苦，以及你因改变而失去的任何东西所经受的痛苦。

1. 将受此变化影响的人带到咖啡馆。在我们家搬到得克萨斯州奥斯汀市的时候，我带着孩子们去体验了咖啡馆式的交流，帮助他们养成了咖啡馆式的思维方式。在那次的咖啡馆活动中，我让孩子们选择他们喜欢的咖啡馆风格（他们事前并不知道这是一次咖啡馆活动）。我们确立了“每个人的意见都是有价值的”基本原则。需要说明的是，我们早已经决定搬家了，只是后来才决定带着孩子们一起搬家。然而，当我们在咖啡馆中与大家见面时，我们还没有制订好行动计划，因为他们不在最初的搬家计划中，我想让他们自己经历治愈的过程。咖啡馆的非凡之处在于，参与者可以自由地回答问题、听取不同的观点、交流专业的知识和测试想法，而不受形式和传统主义的限制。你会惊讶地发现，在咖啡馆中，你可以了解到很多关于活动主题的信息。

以下是我们在咖啡馆中讨论其他问题：

①在过去 10 年里，我们做出了哪些改变？为什么我们必须做出这些改变？

②我们为什么要搬家？

③为什么我们不能继续住在这里？

④为什么人们要搬家？

⑤我们如何将那些需要改变的人融入改变的过程？

2. 咖啡馆中一些可选的对话：

①我们同意你的看法。

②你的痛苦是真实的。

③这不是你凭空编造的。

④我们完全理解你为什么会有这样的想法。

⑤如果我们处在你的位置，同样也会非常痛苦。

⑥你的痛苦表明你是一个成熟而现实的人。

⑦你不是一个骗子。

⑧你说的都是真的。

⑨我们愿意更多地倾听你的表达，这样我们就能理解你为什么如此痛苦。

3. 我们需要讨论在这种情况下，哪些痛苦是可逆的，哪些痛苦是永久的。

①我们能做些什么来减轻痛苦？

②有什么建议？

③还有其他的选择吗？

④我们是否唤起了你所经历过的类似的变化？

⑤花点时间考虑一下。我们相信你能胜任这项工作，你能挺过这阵痛苦。

4. 谈谈改变和之前经历的痛苦。你或许会认同我的观点，世界上唯一不变的是一直在变［赫拉克利特（Heraclitus）说：“生活中唯一不变的就是变化。”］我们总是在改变。在适当的时候改变会比日后改变更有益。当我的孩子们经历类似的痛苦时，我向他们展示了搬到更好的社区的利与弊、搬家的经济效益，以及情感和其他方面的影响。所以，他们也意识到我们不会永远住在老房子里。

5. 制订变更管理计划，即我们将如何改变。例如，在校园整合项目中，我是变革的领头者。我们正在花时间了解这一行动的各项要素，并计划好了行动的各个阶段。所以每个人都应该为改变做好准备，计划好并管理好出现的变化。变化就像一个需要被管理的项目，我们可以将其分成启动、计划、执行、监视和控制以及结束等几个阶段。所以，不能只是执行变化，而是要管理变化！

6. 相信。我们希望你相信隧道的尽头就是光明，相信会有好事发生。当我意识到我别无选择时，我宽慰自己的方式是把事情往好的方面想。你不需要找到理由才去相信。然而，成长的关键是对那些看起来很糟糕的事情仍抱有积极的态度，比如改变。相信一切都会好起来的。让我们把酸涩的柠檬，做成酸甜可口的柠檬汁吧！

7. 坦然面对痛苦，解决自己的痛苦！最有效的方式是坦然面对自己每天都在与之斗争的痛苦。实践社区可以在咖啡馆中帮助你坦然面对自己的痛苦。

①接受变化已成定局的现实。

②与能倾听并感同身受的人讨论自己的痛苦。

③回忆过去你是如何应对和度过重大变化的。

④去健身房训练、跑步或快步走。

⑤和家人、朋友、宠物或大自然一起让自己恢复活力。

⑥唱歌、跳舞，甚至用哭来释放情绪能量。

⑦用良好的幽默感正确看待自己的现实情况。

⑧说出你今天早上要感激的三件事。

⑨说出今晚你会感谢的三件事。

⑩如果你想祷告，也可以祷告。

实践社区是交付知识管理系统中最有效的方式之一，因为实践社区是一个有机的、非强制性的组织。当实践社区营造出学习和分享的文化时，知识工作者就会热衷于在社区内分享自己的知识。因此，参与者能够收获分享的乐趣，不会感到不堪重负。

8.6
案例研究：知识管理是连接知识经纪人、可搜索性和可发现性的活动——艾哈迈德·邹海

这部分的案例研究由艾哈迈德·邹海（Ahmed Zouhai）提供。他是一位项目管理专业人员，一位在全球各个地区都有着丰富的项目、计划和产品管理经验的顾问。以下是他的自述。

作为一名顾问，我与许多组织合作过。这些组织大多没有正式的知识转移计划。组织内的有些部门似乎很有地盘意识，它们不喜欢信息的“共享、合作和转移”这个术语，尤其是在我与在美国运营的全球组织打交道时。我必须说，由于知识产权等原因，不分享某些信息的确也有其正当的理由。

据我所知，我几乎没有听说过知识管理这个术

> 语。但相反，我们都使用过 SharePoint 网站或部门的网络驱动器。知识和信息没有单一的真相来源。在知识转移方面，我所面临的挑战是我们的竞争对手在员工离职后可以获取和使用这些信息。反思过去，一些不能相互作用的知识转移技术工具究竟出现了什么问题？我们使用的知识管理工具都仅供内部使用，但由于大部分工具都不容易使用，许多员工都不喜欢用这些工具，自然也不会经常更新共享的信息。公司似乎也不愿意在这些知识管理工具和培训上继续投入经费。
>
> 员工获取完成工作所需的信息可能需要几分钟或几个小时，具体取决于他们所搜索的信息，尤其是在新的技术环境中。所以，分享我们的知识意味着可以节省时间、提高效率、保持竞争力。

知识管理既是一种挑战，又是一种乐趣，这取决于你在哪个部门工作。有时，领导会让信息分享变得困难，有时则会使之更自然、更有趣，特别是对新员工来说。

在谷歌和其他搜索引擎出现之前，几乎不存在或不可能分享知识管理。现在，大多数组织都意识到了易搜索性和可发现性的重要性，也意识到了必须建立知识经纪人、创建者和共享者之间的联系。许多公司正在通过减少知识转移的痛苦、增加知识转移的乐趣来提高自己的竞争力，因为他们知道这样的做法可以提高公司的效率和竞争优势。重要的是，要记住知识有不同的形式和形状。人的经验、专业知识是最重要的知识。IT 部门和项目管理团队正在利用搜索功能和面对面的协作来推进知识管理的项目，提升项目的价值。知识管理提供的是情境化的信息，因为员工花费大量时间在互联网上搜索的信息可能不全然准确或有效。

正如艾哈迈德所说，情境是知识管理的关键。记住，知识是被情境化的信息。在今天的零工经济和项目经济的时代，许多组织都开始关注自身内部知识管理系统的有效性。艾哈迈德根据自己的个人经验指出：一个更简单的知识管理系统，可以将人和系统连接起来，以此提高组织的效率和竞争优势。知识创造者和分享者头脑中的经验和知识是知识管理中最关键的方面。

就真相的唯一来源而言，一些人认为或许可以在学术资料中找到更精确的模型，可以更广泛地描绘知识管理的图景。例如，随着“信息科学”这一学位（研究生专业）的不断发展，使得知识管理、存档、检索和信息理解等问题得到了很好的研究。许多公司都正在积极地研究知识管理，而放眼教育行业看，过去的图书管理员现在已经成为知识管理者。因此，信息架构作为组建或设计信息的艺术和科学，使信息具有可访问性、可使用性并与所有终端用户相关。信息架构包括但不限于命名和安排在线社区、软件、内部网和网站的共享设置和方法，从而使用户更容易访问、检索、使用和重用相关的信息。分类法是信息架构的一个方面，意图定义信息架构各要素之间的关系。

然而，知识管理不是信息管理，因为信息是有组织的数据，而知识是被赋予意义或被解释的信息。信息科学和信息架构有助于区分可编码的知识和不可编码的知识。信息科学研究的是人、地点、技术和数据之间的关系，主要涉及分析、收集、分类、操作、存储、组织、检索、移动、传播和保护这些信息。

简单的过程和交互对知识交换和转移来说至关重要。管理知识包括表现自己的同理心，这有助于培养成长和富足的心态，也是一种知识咖啡馆式的分享心态。

我们在进行管理个人知识之前，无法管理过程。同样，在你能够从事管理和领导工作之前，你需要向人员和组织学习。假设你刚刚加入某个组织，你是否会从第二天起就开始为如何更好地运营公司提供指导和明智的建议？我很抱歉，你一定无法给出明智的意见。你需要了解人员、文化、组织的过程资产、企业环境因素，继而应用自己所学到的东西，这样才能做好领导的工作。每个组织都有自己不同的特点，所以没有一劳永逸的方法。在我曾经工作过的一个组织中，我的办公室需要利用大型主机来处理数亿个数据位。在我工作的第二周，因为我有了新的视角，我的主管希望我为公司的工作流程提供反馈。但我告诉她，我还需要几周的时间来学习流程和组织文化。坦率地说，我在第一周就发现了许多不足之处。

在担任领导之前，首先要掌握知识。以下几点原因阐明了人们在掌握知识之前，为何不应该迅速进入领导岗位。即便有些人天生就是领导的人选，但你会在他们上幼儿园的时候，或者说甚至在他们还没有学会拼写自己的名字或字母的时候，就选举他们成为市长吗？当然不会。相反，你会等着他们学习、获取知识、犯错误、学习人生的教训。你想追随一个从未当过下属的领导吗？每个领导者首先都必须是一个好的下属，如果你做不好下属，那么一定也当不好领导。

咖啡馆中学到的经验教训

- 如果你刚加入一家新公司就指出其中存在的问题，别人会认为你傲慢自大。
- 你无须着急，放轻松。你会有足够的时间来指导和领导别人。
- 你不想被办公室政治裹挟。你必须明白各方的立场，否则你会被两面夹击。如果新工作环境里的所有同事都各自为政，呈现出一种自相残杀的敌对氛围，那么你给出的任何一项建议都可能会导致你加入了某一方的立场。
- 领导者应该将 80% 的时间用于学习、了解和倾听，20% 的时间用于领导。这才是更有效的领导方式。
- 愿意向其他知识工作者学习是领导力的标志。
- 谦逊是领导力的另一个标志。“谦逊不是否认你的优点，而是诚实地面对自己的弱点。”——里克・沃伦（Rick Warren）
- 知识实践的商业价值在于简化和更多地参与。
- 回答问题之前最好先提问。

一旦营造出了知识咖啡馆的环境，就拥有了自由交换和转移知识的无限可能。

第9章

知识管理的路线图、价值与知识管家

本章目标

- 描述知识管理环境的价值和必要的知识管理
- 为知识管理（咖啡馆）环境评估正确的组织战略
- 阐释知识管理系统和环境的关键步骤和路线图
- 探索实践咖啡馆：如何启动知识管理项目
- 概述在咖啡馆活动结束后实施知识管理项目的意义

9.1 知识管理的价值与知识管家

知识的价值

- 通用电气公司的记录显示，该公司已经因为重视知识价值而节省了 3 500 万美元，创建了 180 个实践社区，吸引 13 万名成员参与。三个关键的成功因素，分别是企业知识管理战略、治理和结果评测。
- 瑞士制药公司豪夫迈 · 罗氏公司因其知识管理活动每天节省超过 100 万美元。
- 惠普公司进行的有关客户服务知识的尝试使得通话时间平均减少了约 67%，每次通话的成本下降了 50%。

- 雪佛龙公司通过建立知识管理制度，一开始就节省了 1.5 亿美元，现如今每年至少节省 2 000 万美元；陶氏化学公司因知识管理节省了 4 000 多万美元。
- 在过去的 6 年中，斯伦贝谢公司在知识管理项目上投资了 7 200 万美元，实现了 668% 的投资回报率。
- Teltech 是一家专门帮助公司落实知识管理项目的公司，该公司的报告称其客户的投入获得了平均 1 200% 的投资回报率。
- 《财富》500 强公司“每年因未能共享知识而损失约 315 亿美元”。

注：投资回报率的分析结果表明，车美仕公司在应用知识管理策略后节省了大量的时间，年度投资回报率为 1 014%（车美仕是一家全球性的咨询公司，其全球知识管理库每投资 1 美元大约可节省约 11 美元）。说实话，公司很难计算出顾客满意度、工作满意度、优质服务程度，甚至获取的智力资本的价值。但是有了正确的基准，我们可以计算出大多数情况下，知识管理所带来的附加价值和投资回报率。

医生如何了解生物医学文献中每年新增的 10 000 种疾病和综合征、3 000 种药物和 400 000 篇文章？很明显，只能通过与知识管家交流。知识管理的价值在本书中随处可见。达文波特和格拉泽（Glaser）认为，通过利用和集中组织的所有知识（信息、经验和洞察力），能够提高个人、团队和组织的表现，并能够因此为利益相关者和整个组织创造价值。这种知识创造的范式将最终提高组织开发最佳解决方案和做出最佳决策的能力。这就是知识管理创造的价值。

知识管理对于高绩效组织而言是新的竞争优势

有些人浪费时间做无用功。我不认为这样的做法毫无成效可言，我宁愿花时间做出有创意的新东西。当知识不被共享时，当组织中存在知识孤岛时，其他知识用户都只能浪费时间做无用功。组织过程资产“是执行组织所特有的以及专门使用的计划、过程、政策、过程和知识库”。组织过程资产包括历史信息和经验教训、存储库、组织标准、策略、过程、项目组合、计划、项目治理框架、监视和报告方法以及模板。知识工作者在工作过程中，无须重新制定这些流程，他们可以通过使用组织已有的工具和过程更轻松地工作，无须付出那么多辛苦。由此，知识工作者可以明智地利用时间、降低成本、减少浪费、提高效率，获得竞争优势。

“如果你认为教育的成本太高，不妨试试看无知的代价。”这句话于 1902 年 8 月 28 日首次出现在艾奥瓦州奥塔姆瓦一所音乐学院的《奥塔姆瓦半周刊信使报》(*Ottumwa Semi - weekly Courier*）的一则广告中。1978 年，安·兰德斯（Ann Landers）认为是哈佛大学的德里克·博克（Derek Bok）最早提出了这句话。博克后来否认了这一说法。1874 年,《新罕布什尔的统计和地名辞典》(*The Statistics and Gazetteer of New Hampshire*）记录了一段文字:“知识比无知更便宜。在任何形式的政府中，无知都是一个危险且代价高昂的因素。”组织有无数个理由来实践知识管理项目。知识不会进行自我管理，所以我们必须主动管理知识，做知识的管家。知识管理为组织提供了有形和无形的利益。众所周知，企业内部实施知识管理项目甚至能够为企业节省数百万美元的支出。

如何计算知识管理的有形价值?

我们首先假设知识管理能够创造一定的价值以及节省一部分成本。几年前，我在做企业知识管理的商业案例分析时进行过这样的假设，也请几位同行审阅了这份分析报告，验证了我的方法的有效性。如果你的组织有 12 000 名员工，40% 的员工（3 600 名）参加了知识管理项目的知识交流，如实践社区、知识博览会、知识咖啡馆或维基知识交流。由此可以假设，这 3 600 名员工中有 30% 的参与者（1 080 名）在第一年每周可以提升 0.5 小时的效率，并且每年继续提升 10% 的工作效率（假设每周提升 0.5 小时的效率只是一个粗略的估算）。假设每位员工每年的工作时间为 48 周，并按此标准来计算员工的时薪，假设时薪标准为 50 美元 / 小时，并乘以 1.6 193。如果组织在前 5 年向知识管理项目投资 200 万美元，通过知识管理增加一些知识共享活动，将会节省 0.5 小时（30 分钟）的效率。公司会因此节省 1 600 万美元，净现值 2 000 万美元，投资回报率为 310%。

组织知识作为智力资本，存储于员工的头脑中。在一位员工离职时，这些信息也会随员工一起从组织内部流失，除非这些信息被获取和共享。知识管理使得信息和知识在组织内具有可访问性，为与组织内部的员工共享知识提供了内容、平台和工具。许多组织知识分散在整个机构和各种存储库中，如文件共享、SharePoint 网站、内部网和 Outlook 电子邮件。员工通常将数据存储在个人硬盘上，其他人或许根本无法访问这些数据。

引入知识管理项目最困难的地方在于可以为知识管理制定具体的商业案例。埃德 · 霍夫曼博士指出，在他担任咨询顾问的所有顶级全球组织中（包括项目管理协会在内）都存在如何延续知识的问题。他补充说，虽然组织有必要计算知识管理的价值，但领先的组织不会等到那些组织计算出无形的价值（利益）后才开始推进知识管理项目。知识管理和知识管家对所有组织都有一定的价值。

如何计算知识管理项目的附加值？

每人每周节约 1 小时 = 50 小时 / 年

员工人数 X

（例如，1 000 名员工 × 50 小时 = 50 000 小时）

这可能意味着：

5 万小时 × 每小时的平均人力成本，假设员工每年工作 2 000 小时。

5 万小时 / 2 000 小时 = 25 人。也就是说，我们节约的成本可以雇佣 25 个新员工，或者说我们节省了 25 个员工一整年的工作。

知识转移的有形和无形收益

以下是知识管理和知识管家的一些有形和无形的收益。

- 组织将转型为一个由知识工作者组成的知识型工作场所。
- 建设团队的后备力量，从而提高组织的效率和弹性。
- 加强智力资本的重用，为创新创造条件。
- 推动更好的决策。
- 提升组织的竞争优势，提升真正的客户价值。

- 创新：创造出新的、有价值的知识并转化为创新的产品、服务、过程、方法和战略，并将其转化为产品、服务和过程。
- 通过提高效率节约资金。

9.2 知识咖啡馆环境的路线图

就知识管理项目的路线图而言，我的建议是开启对话。知识咖啡馆可能是最适合连接和开启与知识创造者和知识用户进行对话的场所，但必须有人来领导这个努力或项目。首先，分析你所在的组织的环境，获取大家的支持，激发大家的好奇心。许多人都意识到有必要进行知识管理，但很少有人会为此采取行动。你听过有人会对家人说“吸烟有害健康”吗？最常见的反应是承认这一事实，但承认从来不会对任何事情产生威慑。

知识咖啡馆是一种最简单的可以把一小群求知欲强的人聚集在一起的方式，大家可以就共同感兴趣的话题进行稍微有组织的对话。知识咖啡馆可以用于各种目的。虽然我们能够从面对面的知识咖啡馆会议中收获最好的效果，但虚拟环境和平台中的知识咖啡馆活动也能收获类似的效果，如 Zoom 程序和带有分组讨论功能的 Microsoft Team 程序，我们的确也需要适应新常态。知识咖啡馆是一个可以随机应变的面对面对话的过程，可以用于多种不同的商业和非商业情境，将一群掌握了一定知识的人聚集在一起，为特定的目的交流思想、进行开放式的对话。

需要特别强调的是，设计和主持一次知识咖啡馆活动并不意味着你需要成为一个专业的主持人、引导者或调解人。如果你可以在知识咖啡馆中进行对话，那也意味着你可以为知识的交流和恢复活力专门举办一次知识咖啡馆活动。

实施知识管理计划

若想主动实施知识管理项目，你需要遵循以下几个关键步骤。步骤的顺序并不重要，因为所有这些活动都能体现你想要主动实施知识管理项目的意图。

- 谁将是促进和管理这个项目的项目经理或知识战略家？首席知识官、知识战略家、知识项目经理还是领导者？
- 确保获得执行发起人和利益相关者的支持。
- 发起知识盘点。
- 你可以进行战略性的劳动力分析。
- 确定、优先考虑并吸引潜在的退休人员和利益相关者的参与。
- 识别组织中已经存在的知识管理元素或方法、工具、技术和最佳实践。
- 制定知识管理的目标和策略。
- 根据知识领导者提供的建议，设计和选择知识管理方法、工具和技术。领导力咖啡馆可以使知识咖啡馆形成正式的成果。我将在第 11 章中详细讨论领导力咖啡馆的相关内容。
- 设计出一个引人注目的知识管理商业案例。
- 循序渐进。

施罗德博士在 2019 年表示，“即便是一点点的提升，在多次重复后也能在无形之中累计节省出巨额的成本。”这意味着：

- 大多数改进的机会都蕴藏在执行日常任务的过程和程序中。

- 一线员工能发现很多管理者发现不了的问题和机会。

从价值交付的层面看，如果没有适当的知识经纪人和路线图，我们如何提升交付的价值？我曾经询问过美国项目管理协会的首席执行官苏尼尔·普雷莎拉（Sunil Preshara），如何将知识管理融入项目管理的范式当中。他认为，像项目管理学院这样的组织可以为任何想要出色完成任务的人提供一站式服务，下一个战略是要使所有年龄层的人都建立起与知识管理的联系。路线图则定义了我们如何实现这一目标。如图 9–1 知识咖啡馆环境路线图所示，知识就是力量，没有正确的环境就不会产生知识，没有领导力就无法营造知识环境，没有好奇心和激情就没有领导力。

图 9–1　知识咖啡馆环境路线图

因此，充满好奇和热情的领导者会通过知识咖啡馆中的对话发起知识交流，从而建立一个激发、应用和发展知识的环境。由此，知识可以产生力量。“知识的力量对于保存有价值的遗产、学习新事物、解决问题、创造核心能力，以及为个人和组织现在和未来开创新局面等方面来说，都是非常重要的资源。”

所以，我们必须从知识领导力开始，包括确保获得管理层或高管的支持。知识领导由知识架构师和对知识管理项目的管理组成。与知识架构师一样，充满激情的知识领导力定义了知识过程、制定政策、确定适当的技术要求以及知识差距和需要、营造创建、获取、组织、访问和使用知识资产的环境、激活知识。在我的模型中，领导力咖啡馆起到了监督知识管理项目的实施及其发展程度的作用，我将在第 11 章中讨论这一问题。

9.3
知识管理的组织策略

设计知识管理的战略意味着组织希望通过知识管理技术、方法和活动来实现什么样的目标以及如何实现。它还涉及组织中关键角色的参与和协调，并为领导人提供一个承担组织发展责任的机会。

知识管理计划应与组织战略相一致。什么是知识管理战略？它是一项行动计划，概述了一个组织应该如何管理其信息、数据和知识，创造知识文化，提高生产力，增强组织的弹性和效率。组织战略通常与组织使命的关键路径保持一致。因此，组织战略的重点应该放在如何管理组织的这些关键知识上。而知识咖啡馆正是连接人与知识之间的结点。

知识管理的目标

当在管理某个知识项目时，我完成了一项调查，这项调查要求我按照对组织的重要性把知识管理目标进行排序。以下是可能涉及的目标：

- 防止知识流失
- 数据或信息管理
- 知识转移和共享

- 知识的协作与社会化
- 接班人管理，建立后备力量
- 提高生产力和绩效
- 打破知识孤岛，支持知识在企业内部流动
- 新知识的创造

我对企业知识管理目标的排名与我的赞助商的排名略有不同。所以，双方有必要对知识管理战略和优先事项进行讨论并达成共识。

一个组织的知识管理战略不能脱离其业务战略或组织文化。在一些专家的研究中发现，知识管理策略的维度（知识的创造和转移）与他们所研究的组织文化之间存在显著的正相关。在知识管理战略中，没有放之四海而皆准的方法。组织创建知识管理环境时，必须考虑到现有的商业战略和商业文化。如果不考虑组织的文化，整个系统将会逐步崩溃。有些专家认为，最理想的知识管理战略可以提高知识管理与组织文化的契合度，使组织利润最大化。知识管理战略的底线是必须与企业战略和文化相一致。无论你的战略多么有效，如果没有企业文化的有效支撑，最终可能只是一纸空文。

我认为，企业战略决定了知识管理战略的定位以及应该如何制定或发展知识管理战略。文化决定了哪些知识是有价值的，哪些知识是没有价值的。几年前，美国项目管理协会在《职业脉搏调查》中发表了其在全美国范围内对计划和项目管理的专业性和效率进行的研究。该研究指出，只有 64% 的政府战略计划实现了其目标和商业意图，也就是说，政府实体在项目和计划上每花 10 亿美元就浪费了 1.01 亿美元。所以，现有的企业文化存在显而易

见的问题，但企业始终未能正视这些问题。如果我们想要营造出一个充满活力的知识交流和转移环境，就不能再继续忽视企业文化的问题。

组织若想为知识管理做好准备，必须回答以下问题：

德玛雷斯（Demarest）指出，一个组织若想有效地参与知识管理，必须回答以下六个关键问题：

- 管理者关于知识的价值、目的和作用的认知。
- 公司内部知识的创造、传播和使用情况。
- 企业通过有效的知识管理，可以获得什么样的战略和商业利益。
- 公司知识系统的成熟度。
- 企业应该如何组织知识管理。
- 信息技术在知识管理项目中的作用。

可能的路线图

路线图的一部分作用是确定适合组织业务战略和文化的知识管理活动、方法或技术。

- 寻求管理层的支持和资源承诺。
- 确立组织知识管理项目的目的和目标。
- 确定实现目标的策略。
- 开发实践社区成熟度模型。
- 根据成熟度模型对既有的实践社区进行排名。
- 概述每个等级的特点。
- 确定指标和评估方法。

- 为首个试点项目制订详细计划。
- 制订沟通计划。
- 确定资源需求并制定预算。
- 设定关键节点时间表。
- 确定追踪和评估流程。
- 制定现实的成功标准。
- 成立一个具有广泛代表性的工作小组。
- 确定前 6 至 18 个月所需的资源。

9.4
知识管理的配方与计划

开始知识管理项目的秘诀

加博尔·克里姆科（Gabor Klimko）在第二届欧洲知识管理会议上发表了一篇名为《知识管理和成熟度模型：建立共识》（*Knowledge Management and Maturity Models: Building Common Understanding*）的精彩文章，他在文中提出了在组织中如何以及从哪里开始建立知识管理项目的各种方法。例如：

- 韦格讨论了从知识图表到基于知识系统开发的几种广泛的、自上向下的方法，技术方法和一般方法。
- 阿利（Allee）提出要注重基于质量的方法。
- 达文波特（Davenport）和普鲁萨克（Prusak）根据其目标对其进行了区分，即，是否试图创建知识库，是否改善对知识资源的获取，以及是否建立知识文化。

- 布鲁金（Brooking）强调企业记忆，强调从软方法开始的必要性，并且警告我们避免在开始阶段过度专注于技术。
- 德鲁（Drew）将知识管理扩展到商业战略的构建中。
- 汉森（Hansen）、诺里亚（Nohria）和蒂尔尼（Tierney）发现，在咨询公司的实践中，存在编码化和人物化两种不同形式的战略。
- 布科维茨（Bukowitz）和威廉姆斯（Williams）建议组织应当首先进行调查统计，再制定行动议程。
- 大卫·古尔滕通过知识咖啡馆支持领导力对话。
- 我的补充：要求知识工作者参加知识咖啡馆。

创建一个知识领导力咖啡馆。这是一种形式化、“战略化”和“政策化”的知识咖啡馆思维、对话式领导力，以及通过领导力咖啡馆产出的结果。借此将咖啡馆式的想法转化为现实，将计划转化为政策。

克里姆科指出，有多种知识管理的方法和最佳实践。受人尊敬和有影响力的专家所采用的经过验证的知识管理方法大量涌现，证明了建立知识管理计划不存在单一的规范模型。制定清晰的研究路线图对于探索实现知识管理功能、创造新知识和振兴知识的过程至关重要。

那么，你的知识管理计划是什么？我们已经制订了一个项目管理计划来规划和执行项目。根据组织的规模，我们可能还需要制定管理知识管理系统的计划。你是否需要一个计划来召集知识咖啡馆活动或你的第一次实践社区会议？不过，你可以在今天的午餐时间召集一次实践社区会议，或者为下周召集一次知识咖啡馆会议。由于我所在组织的性质，在我们启动知识管理工作之前，需要制定一份涵盖了业务案例的章程。

可能的知识管理计划

知识管理计划是定义知识领导者如何计划、执行、监视、控制知识管理系统并使其成熟的文件。当组织的知识管理项目被制度化时，随即也就制订了知识管理计划。该计划包括下列内容：

- 沟通管理计划
- 风险管理计划
- 进度管理计划
- 变更管理计划
- 利益相关者参与计划
- 整合管理计划
- 工具和技术管理计划
- 范围管理计划
- 采购管理计划
- 价值实现计划
- 新知识实施的登记和计划

你会发现，这些计划是为瀑布式的项目管理方法量身定制的，但我在大部分情况下都会将敏捷式和瀑布式方法组合使用。你能否向我展示你的知识管理计划？没有时间进行知识管理？有那么多“糟糕的”学习，实际上它们根本称不上是真正的学习，因为大多数学习都是一维的。分享已经被技术所取代，比如知识管理的短信和表情符号！

你的组织对知识管理有多少了解？组织的智力资本是什么？组织用于知识管理的预算有多少？是否有这笔预算？你的组织是否找到了自己的知识资产？组织是否创造了知识分享和再生的环境？你会因为知识用户分享他们的专业知识而奖励他们吗？还是你认为这是他们工作的一部分，所以他们必须分享他们所知道的？组织的知识文化是什么？

实践咖啡馆：如何启动知识管理项目：知识咖啡馆还是知识盘点？

知识管理的第一步是什么？首先进行知识咖啡馆活动还是知识盘点，这取决于个人的喜好和组织的需要。我的建议首先从知识盘点开始。知识盘点是对公司的显性和隐性知识资源进行系统的、科学的检查和评价，包括掌握哪些知识、知识的位置、创造知识的方式、知识的所有者是谁，然后把它们按优先顺序排列。盘点是为了形成规范。我利用知识盘点了解组织的需求和知识差距。组织的知识管理可以先从在咖啡馆中进行知识盘点或评估开始。

我们要结合迭代、适应性和预测性的方法，养成知识咖啡馆的思维方式。采取尽可能简单的方式，尝试召集一次知识咖啡馆活动，组织知识爱好者（知识管理者、知识用户、知识创造者）进行知识交流和共享学习。

实施知识管理的纪律敏捷

我是瀑布式和敏捷式结合型的项目经理。在知识管理项目中融入敏捷思维有助于我们使用各种知识管理工具。我进行知识管理的时候会使用一些敏捷式的设计和部署软件，并以瀑布式的方法为基础，围绕增量和迭代的解决方案来简化决策过程。坦率地说，忽视敏捷式或瀑布式的方法就是忽视声音平衡，你也一定不想错过每个项目经理都应该知道的一些基本的项目管理概念。

好的项目管理经理应该兼具瀑布式和敏捷式两种特质。如果你是一个超级项目经理，但却对基本的项目管理概念和术语一无所知，那么你根本就算不上是一位真正的项目经理。这就像一个历史专家，对当前的所有事件都了如指掌，但对过去发生的事件却不甚了解一样。我相信一个专业的项目经理应该能够发挥自己的项目管理能力和方法来管理所有类型的项目，从技术、软件项目到建设、建筑项目，再到过程改进或程序开发，以及设计项目和知识管理项目，同样的原则和方法也都适用。如果你一直在稳定的团队内交付出例行公事的结果，这只是操作，它可能会限制你的能力范围。如果你只保留了瀑布式的特质，而忽略了敏捷式，那么你很快就会发现自己已经变得无足轻重了！

> 通常人们都会借由对技术需求的关注来开启知识管理项目，但知识管理的关键在于人和过程。
>
> ——希尔·尼尔（Shir Nir）

实践咖啡馆：你所在的组织中，哪些知识获取和共享的技术工具被证明是成功的？

你如何使你的组织成为一个知识中心型组织？在突发事件中，组织的知识共享面临哪些挑战？

9.5 实施知识管理到底意味着什么?

要实施知识管理计划和系统，我们需要了解领导和治理、组织战略，以及衡量价值和进展的方法。2019 年，我与摩西·阿德科博士共同主持了一场美国交通委员会知识管理特别小组的夏季网络研讨会，会上 75% 的与会者表示没有参与过正式的知识管理课程。参会者来自各地的公共部门（包括美国 52 个州的交通部门、研究和教育机构）以及私营部门。

哈佛大学工商管理学教授多萝西·伦纳德在撰写《关键知识转移：深度智能管理工具》（*Critical Knowledge Transfer: Tools for Managing Your Company's Deep Smarts*）一书时，曾做过一项调查，她发现 42% 的公司试图通过返聘退休人员重新担任顾问来解决知识保留的问题，被返聘的员工会从事和退休前一样的工作，但会获得双倍的报酬。

一些组织已经完全实施了知识管理计划，并且也已经部署了知识管理系统。知识管理系统用来存储和检索组织拥有的所有知识。知识管理学教授迈克尔·E.D. 柯尼希（Michael E. D. Koenig）2017 年曾撰文指出:“至少在历史上，知识管理主要是关于管理员工和组织中的知识。”现如今，我们有多种知识管理技术、工具或活动，但在一个组织中同时利用所有这些工具和技术却十分困难，也并不必要。在对你所在的组织进行取证分析后，确定与组织的战略和文化一致的知识管理工具，继而进行测试，确保它能得到关键利益相关者的支持。假设你首先从知识咖啡馆开始进行知识管理，那么你首先要召集第一次会议，一步一个脚印地走下去，专注于进行关于商业问题和有形价值的咖啡馆式的对话。

实践社区是我所在的公司采用的第一项知识管理技术。我的上级主管批准了一项知识管理计划，其中包括了解组织的总体情况。我走访了一些分公司、地区、部门、区域和办公室，了解现行的知识管理活动。我走访了 7 个部门，向这些领导展示了知识管理的有效性，询问他们是否在自己的部门开展了类似于实践社区这样的知识管理活动。令人惊讶的是，有些部门竟然组织了 3 个实践社区。我还听到过这样的评论，“这看起来就像我们过去几年一直在做的事情”“我们在不知情的情况下已经组织了实践社区”，以及“我们不知道它叫实践社区，但它的目的却是为了分享和转移知识”。在对 7 个部门的初步知识管理探索访问结束时，我发现我们的组织内部一共存在 17 个成熟度各异的实践社区。而如今，我们已经有超过 50 个实践社区。

我在一次领导力咖啡馆中介绍了我的调查结果。企业知识管理的负责人分析了我的调查结果，并开发了实践社区的成熟度模型，制定了实践社区的章程、组织模板。由于公司提供了资源，所以提高了实践社区的正式程度，推动了实践社区的发展。公司会不定期地指导相关人员如何召开会议、领导实践社区，以及如何评测成果。

实施知识管理究竟意味着什么？

- 进行知识盘点和差距分析
- 使知识与经营策略保持一致
- 发现机会

- 评估价值和业务效益
- 确定并选择适合组织环境的知识管理工具
- 落实企业治理——成立知识管理工作组
- 尝试实践社区等方法
- 开发成熟度模型
- 测量结果

用于知识方面的投资是回报率最高的投资。

——本杰明·富兰克林（Benjamin Franklin）

9.6
案例研究：实践知识管理是为了专业和个人的发展、使组织变得卓越，以及创造新机会——拉姆·多卡，项目管理专业人员、敏捷项目管理认证人员、商务智能专家、六西格玛黑带认证人员

拉姆·多卡（Ram Dokka）提供了他的案例研究，他获得过以下资质和职位：项目管理认证人员、企业敏捷转换教练、高级 IT 投资组合 / 计划 / 项目负责人、项目管理协会奥斯汀市分会的前任主席、项目管理协会教育基金会的董事会主席。此外，拉姆还拥有项目管理专业人士、计划管理专业人士和敏捷项目管理师等证书。以下是他的自述：

我不确定自己此前供职过的所有组织中是否都有正式的知识管理项目，也不知道知识管理的预算分配情况。我在传递或分享知识时遇到过一些挑战，包括分享和接受知识的意愿、缺乏目标和动力、意识不到整体的益处。但就知识转移技术的工具而言，大多数时候问题并不在于工具本身，而是在于组织内部的知识孤岛和管理多个存储库所涉及的工作。

我分享了一些自己在专业和个人发展、组织卓越和新机会方面的知识。知识转移既是一种挑战，也是一种乐趣。挑战在于找到适当的资源和乐趣，给予和接受。根据我的经验，无效的或没有知识转移计划、战略所引发的不良影响包括：缺乏创新和增长、抵制变化、返工、浪费时间做无用功、极端情况下业务的彻底失败。

拉姆·多卡认为，知识管理促进了专业和个人的发展、组织的卓越以及创造新的机会。他认为，组织中的知识孤岛和管理多个存储库所涉及的工作是知识交流和转移的问题，而不是技术问题。知识转移计划或战略使创新和增长成为可能，并消除了员工对变化的抗拒，避免了返工和重复工作。

第10章 其他与知识咖啡馆冲突的知识管理方法和技术

本章目标

- 介绍知识咖啡馆与其他知识管理方法的接口，如实践社区、教训学习、口述历史、事后回顾等。
- 解释一些知识管理技术的实际应用。

10.1 实践社区咖啡馆

知识管理的两种方法

我们通常会采用两种知识管理的方法：

● 知识获取（编码）。包括获取技术专家的持久智慧、重要经验的总结以及他们为完成工作而学习的技术。同时，将这些知识供知识社区的其他人学习。

● 知识转移（人对人）。可以通过实践社区这样的人际互动或者使用知识管理技术来实现知识转移。

存储在个人头脑中的大多数知识都是无法被获取或转移的，除非通过社会互动，如指导、工作追踪、教练、观察、头脑风暴或在知识博览会、知识咖啡馆中提供的合作机会。我尝试过一些技巧，包括实践社区、组织知识博览会和知识咖啡馆活动、讲故事、欣赏式询问、知识保留访谈和离职访谈、积极偏差、黄页、项目经验获取会议（大规模）、企业内容管理、新媒体、事后总结（小规模）、知识分享圆桌会议、同伴协助、教练和指导、行动学习、创新深度钻研、众包、开放空间等。

实践社区的形式试图将有共同利益、愿意合作和分享知识的人聚集在一起。知识咖啡馆的空间聚集了实践社区、思维和环境。我们在哪里见面？在知识咖啡馆。在那里做什么？交谈、倾听、思考、学习、理解我们所知道的知识，或许，最重要的是建立知识驱动的关系。

咖啡馆和实践社区的区别

- 不同的实践社区聚集在一起从而形成了知识咖啡馆，但实践社区不需要通过开会依然可以建立联系。
- 一次咖啡馆会议或一系列咖啡馆会议并不一定会构成实践社区。
- 实践社区除了知识咖啡馆的形式外，也会采取多种互动的方式（例如，不太结构化的对话、开放空间技术会议和线上论坛）。
- 知识咖啡馆是一个有效的对话工具，虽然实践社区也可以采用这种对话方式，但它与实践社区并不相同。
- 知识咖啡馆是非结构化的、非正式的、有趣的、放松的、创造性的、社交的、协作的、无威胁的、有时间限制的互动。而实践社区虽然可以是结构化的，但不一定有时间限制。
- 知识咖啡馆只有一个目的，比如探讨所有实践社区的最佳实践。实践社区既可以只有一个内容，也可以由多个内容共同组成。

实践社区可以是知识管理工具，也可以是技术、元素、活动或实践。实践社区是一个最初由莱夫和威戈（Wenger）提出的术语，基于他们对 5 个学徒的情境学习的研究：尤卡坦的助产士、维亚和戈拉两地的裁缝、海军军需官、切肉工和酗酒者。另一些人则认为，实践社区的概念在以心理健康为基础的社区，以及其他以学习为基础的社区中有着悠久的历史。他们将实践社区定义为"人、活动和世界之间的关系系统。它随着时间的推移而发展，并与其他方向的有重叠的实践社区产生联系"。实践社区是知识和共享文化、可扩展式学习、共享知识库、共同解决问题和信息自由流动的联合体。

你如何知道自己何时需要建立实践社区？

我曾在一家项目驱动型组织中工作。当时我即将管理一个不容失败的复杂项目。项目管理办公室也刚成立不久。《项目管理知识体系指南》第六版将其定义为支持性项目管理办公室，一个低控制的存储库——项目管理办公室在项目中起到咨询作用，并按需选择专业知识、模板、最佳实践、信息获取方式和来自其他项目的专业知识。我致电项目管理办公室，希望获取项目管理模板，包括风险、沟通、利益相关者、管理计划、权责划分、风险登记、状态报告模板等。但项目管理办公室并没有这些模板。我访问了项目管理协会的网站，调整了一些模板，于是定制出了我自己的模板。

不久，我发现其他项目经理也在开发他们自己的模板。如果能有一个连接各项目经理的社区，那么所有项目管理模板就会有一个共同的来源。实践社区为在社区中遇到类似挑战的专业人士提供了相互学习和支持的平台。如果我们组建了实践社区，就不会做重复的工作。我们可以共享相同的组织过程资产，节省时间，并利用彼此的优势。如果没有实践社区，我们就无法知晓其他人在做什么或他们面临着什么样的挑战。

组织往往会根据位置、工作职能、过程领域或其他因素来定义组织的各个团队，由此自然会形成孤岛，就是所谓的职能孤岛。这些天然的屏障会形成独立的团队文化，而实践社区则丰富了组织的学习过程和知识交流。所以，我建议构建项目管理的实践社区。

实践社区可以确保通过实践社区咖啡馆形成唯一的真相来源。

实践社区邀请了遇到类似挑战的知识经纪人进行对话，相互学习。实践社区汇集了来自不同职能部门中从事类似项目的同事。这些趣味相投的人通常会因为他们所从事的项目而聚在一起。在实践社区咖啡馆中，从业者发挥了自己的影响力，分享了共同的问题，增长了知识。实践社区咖啡馆的会议中也会碰撞出新想法和解决方案，社区也能因此掌握更深入的知识，没有人会因此掉队。这就形成了一种“互帮互助”的心态，大家彼此交换意见，不会浪费时间做无用功。

在数字化转型方面，实践社区实现了数字化工作场所与其他知识共享工具和方法的连接，并为所有数字合作提供了从一个官方定义到新媒体互动的唯一的真相来源，为所有知识创造者和用户提供了容纳所有数字内容的一站式互联商店。

以通用电气公司的实践社区为例。它的 180 个实践社区容纳了超过 13 万名参与成员，累计发布了 3.1 万个讨论帖、3.9 万篇文章、1.6 万个分类主题、节省了 3 500 万美元。通用电气公司的实践社区与其所有的其他知识管理方法相关联，并依托这些方法构建了实践社区。

在壳牌公司，社区协调员经常采访、收集这些故事，然后在时事新闻和报告中发表这些故事。它们每年都会组织一场比赛来评选组织中的最佳故事。对样本报道的分析显示，这些社区在一年内为公司节省了 200 万至 500 万美元，并增加了 1 300 多万美元的收入。

知识管理的框架涉及实践社区、最佳实践、实践所有者和实践提升。实践社区可以是一个内部的、本地的或全球的论坛，用于交流最佳实践、技术和业务解决方案，以及久经考验的黄金标准、客户挑战和反馈。

在实践社区中，我们从“拥有的知识”转移到“共享的知识”，换言之也就是形成了社区知识。因此，知识工作者和学习型组织力求提高组织单位的学习能力，并在工作中向组织的员工传授知识。而实践社区是实现这一目标的可靠方式。“实践社区会议应该被当作是组织的常规职能，而不只是被当作一种课外活动。”

如果你的组织有改革的需求，你或许可以组织一次咖啡馆会议向组织的所有人介绍实践社区。改革意味着从个体知识→群体知识→关键业务制度知识→制度弹性。确保合适的成员能够与你的计划保持一致。但也要切记，不要让实践社区成为你工作的额外负担，要让它成为一种有趣的活动！实践社区可以使同事之间建立联系，发挥协同作用，分享他们的知识，解决共同项目、计划或运营的问题，从而创造新的知识。

创建实践社区很容易。你可以利用知识咖啡馆空间来开启与你的专业社区成员、组织中管理类似项目的人员或其他知识工作者的对话。

我从参与实践社区中学到的经验

- 在章程中设定明确的目标。
- 目标应该与组织的文化和战略相匹配。实践社区的使命与组织的使命、知识管理战略一致。
- 为社区成员谋取真正的利益。
- 有明确的领导。
- 参与者应该就社区的运行方式达成一致。
- 即使实践社区以虚拟环境中的运营为主，也可以在某些时候召开面对面的会议。
- 组织实践社区的初衷是为了学习、知识分享、寻求乐趣和参与感，而不是一个催生“倦怠”的工具。

实践社区的特征

温格归纳了实践社区的以下几个关键特征：

- 持续的相互关系，既有和谐也有冲突。
- 共同参与做事的方式。
- 信息的快速流动和创新的传播。
- 缺乏介绍性的序言，对话和互动好像只是延续了某个正在进行的过程。

- 快速设定要讨论的问题。
- 参与者对归属的描述存在大量的重叠。
- 了解别人掌握了哪些知识、他们能做什么，以及他们如何为企业做出贡献。
- 相互定义的身份。
- 评估行动和产品的恰当性的能力。
- 特定的工具、表现和其他物品。
- 当地传说、分享的故事、内部笑话、会心的笑声。
- 交流的行话和捷径，易于创造新的行话。
- 某些风格被认为是内部统一的风格。
- 一种共同的话语，反映了对世界的一种独特的看法。

10.2 学习经验的咖啡馆

安永会计师事务所 2007 年在项目管理协会的会议上对该协会的成员和嘉宾进行的一项调查显示，尽管 91% 的项目经理认为有必要总结项目的经验教训，但只有 13% 的人表示他们的组织对所有项目都进行了评估，而且只有 8% 的人相信总结经验教训会带来较大的收益。

像控制系统集成商协会和项目管理协会这样的组织经常会将经验教训作为组织的最佳实践。《项目管理知识体系指南》第六版将经验教训定义为“从执行项目中获得的经验教训。我们可以在任何时候总结经验教训”。问题的关键在于我们是否真的从项目中学到了经验教训，还是只是例行公事。如何评价长期学习通常被认为是所有企业在学习和发展的过程中必须面对的问题。但直到几年前，我才意识到吸取经验教训是项目的收尾活动之一。

遗产教训学习模式：

- 在项目结束期间举行的会议。
- 记录具体项目可交付的成果。

可持续的知识转移交流的经验教训模型：

- 在整个项目的生命周期中进行持续活动。
- 不指责任何人。
- 由主题专家进行分析和验证。
- 关注成功和机遇。
- 与项目管理流程和知识领域保持一致，形成制度化。
- 必须成为组织的永久过程资产，并成为未来项目过程和程序的一部分。

最根本的问题不在于是否经历过教训，而在于是否真的吸取了教训。摩西·阿德科博士认为，应该在学习中吸取教训。吸取经验教训最重要的方面是将经验教训制度化，并从执行项目的过程中获取新知识。

只有在教训被制度化的情况下才会出现学习的情况（例如，改变政策，编写程序，修订标准，发布新规范，改进工作流程等）。

——马克·马林（Mark Marlin），

项目管理专业人员

我所在组织中有一个实践社区（财务管理实践社区）在这方面做得很好。在他们正常执行项目或常规操作的过程中，如果出现了新的经验教训或者发现了新的知识或最佳实践方式，他们就会应用新的经验教训，更新他们的标准操作程序，与所有的利益相关者就新的经验教训进行交流，并要求实践社区内的所有成员都遵循或实施新的经验教训。

敏捷式思维和知识咖啡馆都是一种思维模式。吸取教训也应该成为一种思维模式。定义清晰、计划周密、执行良好、制度化的经验学习可能是在组织中实施知识转移非常有效的工具。事实上，当我们开始管理自己的项目和计划时，每天都能创造出新的知识。这包括敏捷项目回顾、在项目产品积压过程中获得的经验教训、敏捷项目冲刺订单、每日站立会议和利益相关者在回顾期间获得的经验教训。我们可以把吸取的教训转化为高效的知识交流和转移工具。

落实教训学习面临的挑战

以下是将经验教训作为知识交换和转移方法所面临的挑战，以及在项目和规划中忽略经验教训的原因。

- 没有时间做额外的工作！就像任何其他的知识交流和转移活动一样，许多项目经理一个项目接着另一个项目地工作，没有为知识交流和转移留出时间。知识交流和转移是一个主动的过程，必须经过深思熟虑和计划，才能将经验教训融入知识管理的战略中。

- 成员之间互相推卸责任的行为。既往的经验教训无法保证我们在未来一切顺利，也不是要说明谁做错了什么事情，而是为了阐明我们学到的哪些东西能够更出色地完成任务，以及我们的哪些做法优于已经制度化的东西。
- 知识管理未能融入企业文化。经验教训之所以不能发挥应有的作用，是因为它未能成为组织文化的一部分，或者说只是流于表面。
- 缺乏增值的经验教训。就像整个知识管理项目一样，许多人忽视了知识转移和交流的有形和无形的利益。
- 学习经验教训并不是组织的优先事项，所以不会加强管理。
- 没有领导。正如我后续会论述的话题一样，有些事情的发生与否完全取决于是否有正确的领导。我已经带领我的团队开发出了经验教训模板，使其易于组织成员检索和查找。
- 文档过于复杂。经验教训是一项需要文档记录的知识获取工具。组织可以利用模板来加强对已记录的经验教训的管理、检索和构建，方便其他知识创造者能够发现和使用这些经验教训。
- 没有落实将知识记录于文档的过程。没有知识管理的策略。

制定“教训学习”模板

在了解了统一的经验教训的基础上，我开发了自己的模板。

模板包括：

- 项目信息和联系信息，从而获取更多细节。
- 对教训的清晰陈述。
- 对教训学习方式的背景总结。
- 利用经验教训的益处，以及关于将来如何利用这一教训的建议。

正如我将在第 11 章中论述的那样，知识领导能够给组织带来以下的经验教训：

1 级：将知识记录于相应的文档中，包括各种知识的获取技术。

2 级：召集和分析组织正在学习的经验教训。

3 级：巩固学到的经验教训，避免重复犯同样的错误，其中包括展示所学到的经验教训。

4 级：宣传知识创造的过程，确保可以获得、发现、利用所学到的经验教训。

5 级：从经验教训中获得的知识能够帮助组织获取相关的利益。

10.3
事后回顾咖啡馆

事后回顾是咖啡馆的活动之一，用于讨论一个项目或活动，使参与活动的项目团队和利益相关者能够了解发生的事件、事件发生的原因、哪些环节进展顺利、哪些需要改进，以及我们可以从经验中总结出什么教训。通过这个活动，团队能够借此发现新的知识和进行创新。

大卫·加尔文（David Garvin）在他的《行动中的学习：学

习型组织行动纲领》（*Learning in Action: A Guide to Putting the Learning Organization to Work*）一书中指出，“一个人若想取得进步，首先必须经常回顾过去”。

回顾过去将创新带入正确的环境。就像知识咖啡馆一样，它使我们切换到反思模式，识别那些黄金时刻，找出那些做错了或应该做得更好的事情。事后回顾或教训学习不是指责或谴责那些可能失职的人，而是让自己学会学习、成长和创新。

美国陆军的事后回顾制度可能是知识管理系统和知识文化方面最杰出的典范。事后回顾不仅是一种管理，也创造了一种每个人都不断地评估自己、单位和组织，并寻找改进和创新方法的文化。在每一次重要的活动或事件之后，陆军团队都会反思自己的任务，确定任务的成败，并力求找到下次做得更好的方法。我们切不可因为过于忙碌而忽视了这一关键的知识管理活动，应该专门组织事后回顾的咖啡馆活动。

10.4 讲故事咖啡馆：口述历史

由于我个人对复兴和分享知识的热忱，所以我在此前编制了一份知识偏好登记册。每个人都喜欢故事，在企业环境中，人们通常更喜欢通过故事来获取特定的知识和信息。口述历史的方式可以吸引知识经纪人讲述自己的故事、事件、方法论，以及从一个项目、程序、活动或事件中学到的教训。这些故事被记录、存储，并供知识社区使用。我们可以通过多种格式存储这些故事，例如，视频、音频、文档等。许多知识用户都偏好用听的方式来进行学习。口述历史抓住了知识领域中最难抓住、最关键的一个方面——隐性知识。随着偏好阅读方式的知识工作者和创造者人数的下降，口述历史正逐步发展成为一种重要的工具。

如今，几乎所有的数字文本都有音频的版本，你可以通过听的方式来获取信息。越来越多的知识工作者开始采用听的方式进行学习。2015 年，“18% 的美国人表示，他们在过去的一年里至少听过一本有声书，而且第一次有超过 50% 的美国人表示曾经听过播客”。尽管把所有音频形式的信息都视为集体口述历史的一部分是一个有趣的哲学概念，但坦白地说，有声书并不是严格意义上的口述历史。

口述历史应该发挥其在学习和知识获取方面的重要作用。例如，在 1989 年洛马·普雷塔大地震之后，海湾大桥口述历史项目记录了 258 名加利福尼亚州交通局员工的个人和业务经历，这些员工致力于恢复加利福尼亚州受损的交通系统。采访记录了他们对海湾大桥的工程成就、维护难度和这座巨大建筑的复杂象征意义的看法。

10.5
案例研究：知识转移是一个挑战与乐趣兼具的过程——琳达·阿加蓬博士、项目管理专业人员

项目管理专业人员琳达·阿加蓬（Linda Agyapong）博士提供了本次的案例研究。她目前正在特拉华州纽瓦克市担任项目经理的职务。此外，她还是一名作家、企业机构和高等教育自由项目管理专业的顾问和培训师。她还曾获得过 2015 年的国际学生年度

论文奖，并于当年在北美大会上宣读该论文。以下是她的经历：

我的公司的确启动了知识转移的项目，并且是一项正式的项目。鉴于入职培训和继续教育课程中包含了知识转移项目，所以该项目一直由人力资源团队负责。我曾经工作过的一些组织在年度预算中也会根据全年的预期收入专门留出一部分预算用于知识管理项目。

转移或共享知识的难点和挑战当然也包括获得所需的后勤保障或资源，以及在某些情况下，有必要用适当的系统模拟出知识转移的过程。此外，我们也认为知识转移是一把双刃剑，因为在某种意义上，它帮助组织提升了员工的技能。与此同时，一旦员工意识到他们的市场技能得到了提高，也可能会因此离开公司去谋求更好的发展，这导致了“伪人才流失”综合征。

当一些知识转移技术工具不能相互作用时，一定会带来不良的后果。虽然我们强调单一的真相来源，但我认为，那些不能自然地相互作用的工具也有其存在的道理。它们之所以是一种单项工具，有其自身的原因。因此，如果用户或组织需要二维工具，也可以寻找这样的工具。

你需要花多长时间才能从他人那里或借助技术获得自己工作所需的信息和知识？时间的长短是否取决于你所请求的知识的数量和类型？就速度、敏

> 捷性和可访问性而言，接收信息适用于单击链接就能把期待的结果显示在屏幕上的形式。但是，假设结果需要来自一个庞大的数据库或第三方系统，则需要进行专门的身份验证或者召开会议或研讨会。在这种情况下，根据各方的知识转移（或知识交流）政策，可能需要耗费更长的时间。
>
> 我分享我的知识是为了确保信息的连续性，也就是说，确保知识不会因我而停止转移。知识转移既是一种挑战，也是一种乐趣。有趣的部分是，看到别人“获得”了你所掌握的知识，并用和你相同或不同的方向和能力运用这些知识，会因此产生某种形式的多样性。与此同时，我也并不认为没有进行知识转移就一定是痛苦的。所以，我还需要在此重申一下我之前的观点：知识转移的挑战在于，在一位员工身上投入了这么多的资源和预算，但可能组织还未得到分享知识转移的好处时员工就已经离职了。知识转移的底线在于，作为项目经理，我们需要迎接挑战，调高知识转移的有效性。隐性知识是知识领域中最关键的知识类型。

阿加蓬博士指出，知识转移是一个挑战与乐趣兼具的过程，事实的确如此。就知识转移而言，隐性知识是最难转移的一类知识。

在知识管理方面，培训和其他任何单一的知识管理工具一样，都略显单薄。然而，一些组织认为过多的培训以及知识和信息的自由流动和获取反而会适得其反。我记得几年前我为我的组织设计过一个项目管理专业认证计划。我依然记得在项目的初始阶段，我与一位利益相关者谈话时，他激烈地争论说，免费为员工提供项目管理专业这样重要的认证实际是在鼓励员工谋求更好的出路。这一观点是否有依据？大约七年前，我们的组织开始实施该计划，现在已有100多名项目经理获得了项目管理专业认证，数百名项目经理获得了这方面的指导。然而，只有少数获得认证的项目管理专业人员离开了我们的组织，找到了更好的工作。虽然组织对“过多的学习”或获取太多知识和信息的担忧有一定的道理，但坦白说，知识和信息开放且自由流动的好处要远胜于组织对此的恐惧。

阿加蓬博士所言极是，没有一劳永逸的方法，每个知识环境都有其各自的特点，每种工具也都各不相同，未必都适用于同一种真相来源。组织的各个层级依然面临着将知识转化为智慧或应用知识的挑战，因此，这凸显了管理知识和知识管家的重要性，也凸显了用户在需要时可以不受时间和地点的约束获取知识的重要性。

第11章 知识领导力咖啡馆

本章目标

- 描述知识咖啡馆与其他知识管理方法的结合，如实践社区、教训学习、口述历史、事后回顾等
- 解释一些知识管理技术的实际应用

11.1 知识领导力咖啡馆路线图

如图 11–1 所示，从物理的维度看，大多数知识都源自数据，即知识是我们可以计算、测量、观察和触摸的东西。于是，我们能够从中获得信息。但我们需要的不仅仅是数据或事实。在大数据时代，我们再怎么强调组织、分析数据的重要性都不为过。当数据被赋予意义，并被赋予可操作性，它就变成了信息，但只有被解释的信息才能成为知识。知识咖啡馆充当着数据向信息、知识和智慧转变的载体，并为这种转变提供了空间。当这些信息与经验和洞察力结合并被情境化时，它就会扩展到抽象领域。当数据和信息变成被管理的知识，它就可以用来形成决策。当我们有规律地分析和利用信息时，就会出现知识领域。知识被运用后就变成了智慧。领导力咖啡馆回答了知识咖啡馆结束后“下一步该做什么”的问题。

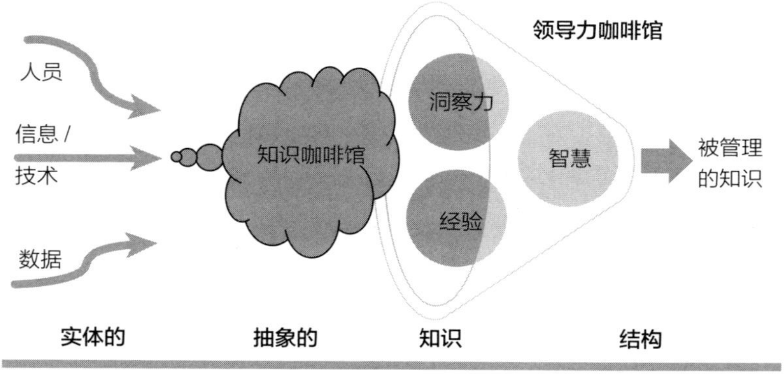

图 11-1 知识领导体系

理查德·麦克德莫特（Richard McDermott）博士是亨利商学院的访问学者，也是华威大学知识与创新网络方面的副研究员，他描述了知识区别于信息的六个特征。

1. 知识是人类的行为。

2. 知识是思想的产物。

3. 知识是当下创造出来的。

4. 知识属于社会。

5. 知识以多种方式在社区中传播。

6. 新知识是在旧知识的边界上产生的。

知识是人类的行为，是人类思想的产物，知识属于社会。在孤岛中的知识几乎没有任何用处，但当知识在咖啡馆中进行交流和分享时，能够产生伟大的创造。

1969年初，三个男人在三三餐厅举行了一场“领导力咖啡馆”式的晚宴。这是一家离宾夕法尼亚州费城市政厅只有几个街区的温馨的小型聚会场所。这顿晚餐是对吉姆·斯奈德（Jim Snyder）

和戈登·戴维斯（Gordon Davis）这两个人几个月的讨论和知识交流的延续。在他们的知识交流结束时，二人决定成立一个新的组织，为项目经理提供一种交流、共享信息和知识并讨论共同问题的媒介。美国项目管理协会由此诞生。如今，世界各地数以百万计的项目经理和专业人士都深受这一领导力咖啡馆活动的影响。

专家知道如何出色地完成任务。领导力就是影响力，具有较高影响力的领导者可以通过分享他们的知识来提高自身的影响力。

我有意将知识咖啡馆发展到新的高度，即知识领导力咖啡馆。这是一种框架，而不是一个方法论或技术。领导力咖啡馆是知识咖啡馆的 2.0 版，是它的延续，用于验证知识咖啡馆的经验、投资、正式化或制度化的实践，确定适当的知识管理战略，并使其与组织的使命和目标相一致。

在工作中，我计划每隔一个月组织一次知识领导力咖啡馆活动，借此满足组织中知识管理社区的需求，并就知识管理问题向最高管理层提出建议。领导力是一种框架，而不是一种方法论。咖啡馆 2.0 不是规定性的活动，因而比其他类型的知识咖啡馆更具战略性。咖啡馆 2.0 实际是在召集领导，制定知识管理计划的战略。

对于这一概念，你和我或许有不同的看法，但我已经为此制定了一个强有力的框架。咖啡馆 2.0 是践行新知识的咖啡馆，它能够将知识咖啡馆思维、对话式领导和世界咖啡馆活动的结果正规化、“战略化”和“政治化”。领导力咖啡馆用咖啡馆式的方式将想法转化为现实，将计划转化为政策，并将新创造的知识传递给最高管理层。组织内部知识的正规化产生了一种失衡的感觉。在不为知识使用者和创造者增添工作负担的情况下，我们如何才能使知识正式化？咖啡馆 2.0 建立了在组织中使知识管理正式化的框架，而且不会过于强制和迂腐。框架提供了一种做事的首选方式，这种方式既不会过于详细，也不会过于僵化。

框架既能提供指导，同时具有足够的灵活性，从而可以适应不断变化的条件，也可以专门为组织进行定制。

我向高层领导和一个希望看到数字和结果的执行发起人做了报告。在聚集了 85 名企业领导参加的一次持续了 4 小时的知识咖啡馆活动之后，本应讨论出实际的结果。我知道与会者在头脑中学习到的东西就是咖啡馆会议的成果。所以，我决定要制定一些原则，以使我能够获得更多的管理者和利益相关者的支持。我希望我们能组织一次新手咖啡馆活动，而不用日后再组织一次与此相关的知识博览会活动。顺便说一下，有一些高管也参加了我组织的咖啡馆活动，信不信由你，他们的出现并没有阻止咖啡馆与会者表达他们的观点或进行积极而热烈的对话，因为咖啡馆活动的是基于一个所有与会者都同意的基本规则举办的。

另一个基本原则是，没有先入为主的结果。在我组织的咖啡馆活动期间，我通常会进行现场调查，并收到大量反馈。总体的客户满意度达到 93%，我在领导力咖啡馆的章节中介绍过这一调查结果。但在许多组织的环境中，你不可能让 80 名中高级管理人员聚在一起进行像咖啡馆活动这样的非结构化的对话。

知识领导力咖啡馆由企业的支持者和知识管理战略家组成。你可以称之为企业的项目计划委员会。这个团队有一定的战略意义，它与组织内的其他委员会的区别在于咖啡馆式的思维方式以及着眼于大局并向最高管理层提出建议的能力。

就像在所有的项目中一样，如果一个知识管理项目能够获得一位执行发起人或管理层人员的支持，它成功的可能性也就更大。正如弗里德里希·哈耶克（Friedrich Hayek）所说："高层的人有'大局'知识……底层的人知道事情的运作方式以及如何完成工作。"

11.2
知识咖啡馆和领导力咖啡馆的交点

我在组织知识博览会和知识咖啡馆时，其中 60% 遵循了大卫·古尔滕提出的知识咖啡馆的元素或原则。我深知知识咖啡馆是一种知识管理技术，可以用于展示团队的集体知识，相互学习，分享想法和见解，从而对主题、问题和知识管理最佳实践有更深入的理解。与此同时，知识咖啡馆是知识管理概念的"基地"，是一个探索和分享知识的非结构化和交互式的生态系统。关键的环境因素在于，在咖啡馆的空间内，每个人都有平等的发言权，咖啡馆提供了一个安全的学习空间，使分享知识就像走进咖啡馆喝杯咖啡或茶一样简单。

与会者从咖啡馆中学到的东西就是知识咖啡馆的成果，但在咖啡馆活动结束之后，下一步该做什么？制度化的计划是什么？知识咖啡馆应该是培养对话式领导力（即领导力咖啡馆）的基准。在过去的几年里，我举办了多个奥斯汀市所有领导参与的咖啡馆活动。这些活动令人异常的激动和兴奋！领导者、项目和投资组合经理、"最敏捷的项目管理人员"和知识管理智库参加了会议，他们以知识领导力咖啡馆为框架，对知识管理的想法进行了头脑风暴。与会者大多是奥斯汀地区的投资组合和项目总监或经理。在领导力咖啡馆活动中，演讲只占 15% 的时间，剩下的时间都用于提问、反馈、头脑风暴和对话。

为什么知识领导如此重要？因为它能够产出智慧和制度化的知识。

你想要让知识或智慧成为你的身份吗？你想被称为聪明的男士或聪明的女士吗？你认同谁？我们对某些事物或人产生了认同，由此我们认同的东西就变成了我们的身份。没有知识就没有智慧。开悟或明悟，都是智慧的产物。

知识是新的黄金，知识是新的灯塔，知识已经成为组织一项最重要的资产。知识是当今组织中最基本的资源，也是最重要的生产要素。我们不仅处在信息经济时代，还处在一个知识经济时代。

知识包括：

- “概念知识”（知道一个概念）
- “过程知识”（理解如何操作）
- “熟人—知识”（通过关系获得的知识）

知识是智慧的开端，知识是一个人的能力边界。你能够获得的东西、胜利和成就与你知识的深度成正比。我认为，人的灭亡不是因为不幸或虚弱，而是因为缺乏知识。在任何社会中，当坚定的爱、忠诚和知识消失时，就只剩怜悯。反过来，如果没有怜悯，就不可能有爱、忠诚和知识。我们要把信念、信仰、理性和知识结合在一起。

就像一个项目一样，知识本身不会主动进行管理，而是需要被管理。我们除了管理知识，还需要领导知识。一些个人或团体将必须为在组织中识别、转移和恢复知识提供指导。我想强调我对知识管理的渴望，知识管理对于普通的知识使用者和创造者而言非常简单。同时，我也想强调人员对知识管理的重要性是要优于过程和技术的。

国际数据公司是一家总部位于马萨诸塞州弗雷明汉市的 IT 和电信行业的市场情报和咨询公司，它指出《财富》500 强公司每年因为没有共享知识至少损失 315 亿美元。知识咖啡馆仅限于计算损失的多少，但咖啡馆 2.0 则能够提供一个成熟度模型来评价组织中的知识管理活动。

正如我们在本书中一直讨论的那样，知识咖啡馆是我在进行知识管理活动时的首选技术或方法，让那些掌握了一些知识的人和那些有求知欲的人进行合作，提出明智的想法并分享知识。我喜欢的方法是让知识创造者创造新的知识，取代过时的知识。当大卫・古尔滕提出了知识咖啡馆这一术语时，他所构想的咖啡馆是一个可以随意提问和回答问题的非正式聚会。他期待的实践方式是 6~24 人参加一个咖啡馆活动，时长持续 1~1.5 小时。我告诉古尔滕，有多达 100 位领导者参与了我所组织的咖啡馆活动，最长的一次持续了 5 个小时。虽然咖啡馆活动不应该做任何笔记，但我依然做了笔记，因为我将它视为是组织内部的知识众包活动。

作为一个项目经理，我会首先分发会议议程，议程包括了行动项目一栏。在知识博览会和知识咖啡馆活动中，会出现大量的反馈、学习、分享和更新。咖啡馆 2.0 是按照逻辑处理过的知识咖啡馆所产出的成果。

知识咖啡馆演变为领导力咖啡馆或咖啡馆 2.0。与古尔滕的咖啡馆精神相反的是，我们会对讨论的内容做笔记，总结并分发给咖啡馆的与会者，然后试图展示这些教训、想法和新知识，使知识用户能够获取和发现这些知识。此外，我们还开发了一个知识网站来收集咖啡馆中产生的教训、知识和智慧。我最喜欢的部分是向我的执行发起人或最高管理层报告结果。下一步就是对咖啡馆活动之后出现的内容进行分析。咖啡馆的企业团队需要额外组织一次咖啡馆式的会议作为咖啡馆会议的后续行动，借此来分析和整合咖啡馆与会者的调查和观点。在咖啡馆活动期间，我利用现场投票或调查的方式来了解知识创造者和爱好者的情绪。

我该如何处理从咖啡馆中收集的笔记？

我们会对讨论的内容做笔记，分析讨论的内容，并将笔记分发给与会者和其他感兴趣的利益相关者。我们会分析并整合讨论的内容，借此来了解如何在组织中开发其他的知识管理方法。

我经常在咖啡馆会议上利用调查来做决策。领导力咖啡馆会针对调查结果部署战略框架。在咖啡馆讨论和总结的过程中，我们会倾听来自不同实践社区的知识创造者的分享，并将我们所学到的知识传播给所有感兴趣的知识创造者和知识用户。

例如，在我组织的一次咖啡馆会议上，实践社区的与会者们在各自的实践社区中分享了他们的协作技术。在参与领导力咖啡馆期间，我们分析了与会者的评论。一些实践社区使用的协作工具安全性较低，技术支持因素及其相关因素存在安全风险，所以没有正式在整个企业范围内部署使用。由此，我们需要制订计划来确保和推进跨企业可用技术工具的落地。领导力咖啡馆对这种情况做出反应并提供了指导。我们为实践社区的参与者制定了沟通策略，允许运行跨企业的协作工具，还为如何推进其他预期的协作工具制订了计划。

11.3
咖啡馆的挑战

只要你曾使用过知识，就可以创造知识。我希望能够简化知识管理的过程，并为所有的读者提供概念、原则和框架，以便你们在各自的组织中实现知识管理。知识领导者的作用是回答知识管理的重大问题。你如何激发员工管理知识的主动性？你如何管理人们头脑中的知识？如何使知识管理成为一种组织战略？知识领导提供了咖啡馆空间中所需的、恰当的管理。

人都是通过自己的参照系来理解事物的。任何人都无法想出根本不存在的东西。你头脑中的新想法可能是另一个知识领导脑海中的旧想法。但每个人的知识能力都是无限的。咖啡馆能够使我们了解自己掌握了哪些知识。知识领导者或经纪人是知识的守门人，为知识交流和转移提供了适当的领导作用。

咖啡馆 2.0 提供了一个成熟度模型来衡量组织中的知识管理活动。它能够应用学到的经验教训，进行自我调整，加强理解，创造杠杆，提高过程和产品的成熟度等。

11.4
中层管理人员对知识管理项目的促进作用

野中和竹内在《知识创造公司》（*The Knowledge-Creating Company*）一书中指出，“中—上—下”模式是一个组织最符合实际且切实可行的知识管理模式。简单地说，知识是由中层管理者创造的，他们通常是团队或任务小组的领导者，通过一个涉及高层和一线员工（即底层员工）的螺旋转换过程完成了知识的创造。这一过程将中层管理人员置于公司垂直和水平信息流的交汇处。通用电气、3M和佳能等公司的案例研究都说明了这一观点，在对比自上而下的管理和自下而上的管理的基础上，他们提出了“中—上—下”模式这一最佳管理方案。

在“中—上—下”的管理模式中，最高管理层描绘了组织的愿景或梦想，中层管理者形成更具体的概念，而一线员工则负责理解和执行。中层管理者试图解决高层管理者的愿景和现实世界之间的矛盾。最高管理层看到的是整体的情况。知识管理过程中的分析和整合对于高级管理人员来说过于烦琐，与此同时，知识管理的话题对于一线员工和项目支持团队成员来说又过于复杂。

我认为，即使一线员工非常关心组织的运行，但他们大多沉浸在日常的运营活动或工作中，游走在支持不同的项目中，没有掌控“大局”的高度，也没有能力推动他们对知识管理见解重要性的沟通。如果自上而下的方法并不适用，而自下而上的方法又行不通，那么就只剩下“中—上—下”的管理模式。因此，中层管理人员就成了知识领导力咖啡馆的组织者，在推动组织向主动创造知识的组织转型中提供大量非结构化的见解。

所以，组织需要一位知识管理的组织者，召集志同道合的知识工作者到咖啡馆中，开始讨论知识管理。中层领导者是知识管理不可或缺的组织者，他们也是合理和现实的知识管理模型和组织概念框架的推广者。如果你发现了其他有效的方法，请告诉我。鉴于我作为运营卓越协调者和高级项目经理的岗位要求，我成功地推行了知识管理，因为我告诉高管，知识管理可以帮助他们将组织战略转化为现实。我的所有项目都涉及收购、开发和管理企业项目团队，所以我有幸熟悉了“上—中—下”的管理模式。

知识领导者验证知识咖啡馆的成果。知识领导力咖啡馆是一种“非请莫入”的活动。很幸运，在我的组织中有一位知识领导者，他拥有知识管理的博士学位。当我们为企业知识面试项目制定指导方针和模板时，他在晋升到最高管理层之前一直是验证该项目的知识领导者之一。

领导力咖啡馆位于指挥链的中间位置，而不是顶部或底端，只能在定义明确的情境中具体调整。我在公司内外举办过几次知识咖啡馆和知识领导力咖啡馆活动。在每次的活动中，我都进行了几次调查，从而了解知识管理项目的领导结构，并对此进行了单独的研究。这些活动呈现出的共同特征在于，如果只用一个自上而下的知识管理方法来推进知识管理项目，注定不会得到较好的结果。相反，自下向上的方法也不会起作用，知识还未传到中层领导者那里就已然消逝。

在本书中，我多次提到了知识创造者、知识工作者和知识使用者。野中和竹内强调，在知识创造型公司中，所有员工，无论他们处于什么职位，都是知识创造者。我也非常赞同他们对知识使用者和创造者的分类：

知识实践者负责隐性和显性知识的创造和积累，知识操作者是最常接触隐性知识的人，而与显性知识接触最多的是知识专家。

知识工程师负责将隐性知识转化为显性知识，反之亦然，借此来推动他们在书中描述的四种知识创造模式，即知识的社会化、外化、内化和组合（他们在自己的论文中也讨论过相关的内容），我之前提到过。

知识官员负责管理公司层面的整个组织的知识创造过程。我不认为一个人能扮演所有这些角色，我也不相信高层管理人员能够胜任知识领导者的角色。因此，可以在咖啡馆活动中完成企业管理领域的知识管理任务。

知识管理是一个包含多种活动和技术的庞大生态系统。没有任何知识体系像《项目管理知识体系指南》那样，集合了那么多经过时间检验的知识管理实践和方法。根本不存在什么统一的知识理论，就像项目一样，工具、技术、方法和知识管理活动都是在开放系统中开展的情景化的活动。而研究人员面对着遵从个人意见的考验，所以，对知识管理路线图的研究是在知识管理方面取得突破的必要条件。

11.5
案例研究：《博物馆奇妙夜》——未经管理的知识

你可以在“油管”（YouTube）网站上观看这部电影或电影的先导片。如果你是一位知识项目经理，则需要分析组织的知识缺口，从而确定组织的知识资产、成熟度和需求。

背景

在电影《博物馆奇妙夜》（*Night at the Museum*）中，迪克·范·戴克（Dick Van Dyke）饰演的塞西尔·弗雷德里克斯（Cecil Fredricks）是一位即将从美国自然历史博物馆退休的老年夜班保安，他坚持聘用拉里（Larry），尽管他的简历看起来很糟糕。

博物馆面临着财政危机，正在迅速亏损，计划招聘一名警卫来接替弗雷德里克斯和他的两位同事格斯（Gus）[米奇·鲁尼（Mickey Rooney）饰]和雷金纳德（Reginald）[比尔·科布斯（Bill Cobbs）饰]。第一天晚上，弗雷德里克斯递给拉里一本指导手册，告诉他在博物馆里应该负责哪些工作，警告他晚上在这里可能会有点恐怖，建议他有些灯不要关，并警告说："你要切记不能让任何东西进来……或者出去。"但很快拉里就发现，当灯光熄灭时，整个画廊仿佛都有了生命，变成了一个史诗般充满了持续行动和冒险的战场！

领导力咖啡馆的流程

召集其他的一些领导者（知识创造者和使用者）来参加领导力咖啡馆。

- 找出博物馆遗漏的知识缺口。
- 过渡和继任存在哪些问题？
- 在这部电影中，你认为博物馆的知识资产是什么？
- 如果你要向管理层展示一个商业案例，那么你会展示哪些知识管理方面的内容？

知识资产

如表 11-1 所示，知识资产包括：

- 博物馆中的劳动力、数据库、文件、指南、政策和程序、软件和专利、组织知识资产的存储库。
- 多年积累的管理复杂诡异博物馆的经验。

● 操作时间和方法。

表 11-1 组织的知识资产

组织的知识资产包括哪些?	
组织知识库 ● 数据库 ● 文件 ● 指南 ● 政策 ● 流程 ● 软件 ● 专利 ● 咨询顾问 ● 客户知识库	劳动力知识库 ● 所有的智力资本 ● 信息 ● 思想 ● 学习 ● 理解 ● 记忆 ● 洞察力 ● 技能：认知和技术 ● 能力

了解知识资产的最终目标是组织咖啡馆 2.0，即知识领导力咖啡馆。

知识咖啡馆不是目的，而是达到目的的手段。最终目标是知识管理过程的形式化，在我所谓的知识领导力咖啡馆的环境中可以实现知识管理过程的形式化。知识领导力咖啡馆是知识管理实施连续体中的一个框架，而不是一种方法论。知识探索的过程始于知识咖啡馆的方法或技术。尽管如此，在知识领导力咖啡馆中，仍需要规定在咖啡馆活动中讨论内容的结构、正式的计划，并推动实践咖啡馆中讨论过的内容。许多知识管理项目都是非正式的活动。领导力咖啡馆实现了咖啡馆简单化的要求，领导者在组织的偏好、文化、能力、目标和战略的框架内分析和探索方法，然后执行。没有领导力咖啡馆，就无法推动组织文化的改变。曾经有多达 100 名知识管理人员参加了我所组织的知识咖啡馆活动，但领导力咖啡馆只针对少数能够为组织设计出企业知识管理架构的战略领导者开放。

11.6
实践咖啡馆

我是否理解我的知识管理项目的成熟度?

哪些工具能够确保我实施知识管理?选择一到两个工具，并开发一个切实可行的模型。

知识是决策的驱动力。本章不打算引用具体的实例，重点介绍在各种规模的组织中实施知识管理的领导框架。知识可以指导我们挣多少钱，花多少钱，付多少钱。在奥斯汀市的一次知识领导力咖啡馆中，酒店的服务员给我们讲述了一位传奇拳击人物的故事，他当时正在纽约进行一场个人表演。服务员让我们猜测他每个月要花多少钱购买拳击活动中用的毛巾，我们没有一个人猜对。服务员说:“这位拳击手每个月花在毛巾上的钱超过六位数!”这太疯狂了!知识是我们做出所有决策的动力。运用知识才会变得聪明!

第12章

知识优势以及分享知识的原因

本章目标

- 阐述偶然发现咖啡馆的途径，以及咖啡馆如何影响知识管理系统
- 通过指导开展对咖啡馆环境的案例研究
- 探索分享知识的愿意
- 撰写本书的结尾

12.1 为实践社区组织的知识咖啡馆

美国国家橄榄球联盟的教练皮特·卡罗尔（Pete Carroll）曾说过：“每个人都保有太多需要释放的力量。有时候，他们只需要一点鼓励、一个方向、一点支持、一点指导，就会做出伟大的成就。”

每个人都需要一位导师和一位教练。

在本章中，我将论述自己是如何偶然发现知识咖啡馆的故事，以及知识咖啡馆是如何影响组织的知识管理系统的。

我最早是在开发实践社区。随着实践社区日渐成熟，我开始将它推广至整个公司。在一年之内，公司就出现了 50 多个实践社区，组织中的知识管理活动也逐渐增多。然而，我始终觉得还是缺少一些东西，因为我想要看到知识管理表现出良好的势头。这

激发了我的好奇心。组织中依然存在知识孤岛，实践社区中甚至也存在大量重复的活动。我觉得必须要想办法聚集所有活跃的实践社区的实践者，让他们了解到其他人都在做什么。毫无疑问，知识咖啡馆是用非正式的方式召集组织中知识管理爱好者最合适的载体。我在得克萨斯州交通部组织的第一次咖啡馆活动就吸引了大约 80% 的分支机构和地区参与，但与会者的成熟和老练程度各不相同。几个实践社区出席了会议，讨论了不同的实践社区在当下的运营情况、共享和协作的技术工具、哪些工具有效哪些无效、知识获取方面的挑战和指导，以及实践社区之间的知识共享情况。

咖啡馆的形式很简单，不预设任何结果，每个人都参与了学习过程。在咖啡馆活动期间，我们了解到有些实践社区已经使用了一些技术协作工具，在指导成员方面已经非常成熟。其中一个实践社区此前已经完成了知识盘点，了解了实践社区掌握的所有技能和专业知识，并制定了一份知识地图，地图记录了所有拥有专业技能和能力的 150 名成员。该实践社区还开发了一份包括常见问题在内的专业知识目录。不得不说，这份目录着实简化了我的工作。其他实践社区只需模仿他们的做法，而不用浪费时间做无用功。

我所支持的其中一个实践社区，即测量师和测绘科学家实践社区，在知识盘点方面要遥遥领先于其他的实践社区。我指导他们对社区的知识进行大致的盘点，但他们在实际的知识盘点和绘制知识地图的过程中超出了预期的计划。知识盘点是对组织的知识能力进行盘点，从而了解组织在知识管理及知识资产方面的实际水平。盘点能够精确地了解组织掌握了哪些知识，他们在未来需要掌握哪些知识才能实现组织的目的和目标，并绘制知识地图。

需求分析是组织为了实现目的和目标，绘制出的知识地图，从而可以精确地确定组织拥有哪些知识，以及在未来需要掌握哪些知识。

通过知识盘点，实践社区可以确定社区内部创造了哪些知识、知识创造者和使用者的身份、使用知识的频率以及知识驻留或存储在哪里。知识管理需要知识管家了解组织应该知道什么并应该创造出什么新的知识。

知识共享和思想交流的相互碰撞才能产生创新。

12.2
指导的案例研究：真诚的指导是最有效的知识转移方式之一——桑德拉·杰克逊

项目管理专业人员桑德拉·杰克逊（Sandra Jackson）提供了本次的案例研究。桑德拉当时还是一个学员。她接替我担任美国项目管理协会奥斯汀市分会的主席。奥斯汀分会在得克萨斯州的奥斯汀市拥有 3 500 名项目、计划和投资组合方面的会员。以下是桑德拉的案例自述：

我工作过的所有公司都没有正式的知识转移项目。遗憾的是，这些公司对知识管理的投资也几乎为零。我所遇到的转移或分享知识的挑战在于我们没有足够的时间来做这些。在大多数情况下，如果要进行知识转移，只有在员工离开公司前的最后一刻才开始进行。要知道，若在员工离职之前进行知识转移，时间非常有限且过程仓促，因为他们还要在离开之前履行其他的义务。通常情况下，这些知识大多没有形成文档，或者说根本就没有被文档化。这些知识都存储于离职者的头脑中。

知识转移技术以一种可以访问的方式对信息进行了恰当的归档。例如，在 SharePoint 网站上，我必须使用关键字或短语来定位或搜索信息。但如果你想要找的信息没有被正确归档或索引时，或许就很难找到对应的信息。

我在项目管理领域所面临的最大的挑战之一是从其他人那里获取信息。你必须安排会议，并规定一个具体的日期或时间，希望他们能够在规定的时间内与你交谈。虽然有时候在网上更容易获得自己想要的信息，但这并不能代替你向他人了解信息，因为他们更了解你所寻求的信息和知识的复杂性和特性。

如何与他人分享我的知识？分享知识能够缓解自身的压力，特别是当你是唯一一个掌握该知识的人时。这也是向他人赋权。同时，在你分享知识的时候，接受知识的大门也会向你敞开。知识转移既是一种挑战，也是一种乐趣。如果分享和被分享的双方因为害怕而不愿意或只愿分享有限的知识，那么知识转移就是一种挑战。当双方都认识到共享知识的好处以及知识共享将使自己掌握更多的技能时，知识转移就成为一种乐趣。

我曾因缺乏知识转移而经历过令人痛苦的后果。坦白说，这让我对那个我向其讨教知识的人感到非常失望。在他们离开公司之前，我迫切需要他们的帮助，但他们却选择了保留这些知识。最后，我只能尽可能多地从网上搜集信息，但这不足以让我有信心承担起这个职位的责任。

在我担任美国项目管理协会奥斯汀市分会管理层的过程中，我通过亲身指导体验了知识转移的过程。知识转移是一种有意识的过程。从第一天开始，我就经历了相关知识的转移过程，感受到了知识转移的重要性和乐趣。咖啡馆式的知识转移简化了整个知识系统。通过真诚的指导，亲自带着领导者去观察一个人的知识和领导力，是最实用的知识传递方法之一。

在我和桑德拉交接项目管理协会奥斯汀市分会主席的工作时，除非是在入职过程中必需的交接手续外，我不需要向她提供任何正式的交接通知。我亲自带着她观察我所有的工作，在这一过程中，我们的确交换了知识，我把知识转移作为管理过程的一部分。当我与约翰·麦克斯韦（John Maxwell）博士等其他演讲者交谈时，或与警察局长、市长或州长联系时，以及参加项目管理协会地区会长电话会时，她会主动加入这些会议，以此作为知识转移流程的一部分。我可以自夸说，如果我在任期过半的时候辞职，桑德拉可以直接接过我的衣钵，保障组织的顺利运营，这都要归功于我们建立的指导和知识转移的文化。

我的人生目标之一就是指导一百万个真正的领导。你不必去改变世界，你要做的就是指导一个人去改变另一个人。我的一个学员，克里斯·迪贝拉（Chris DiBella）拥有工商管理学硕士学位并获得了客户成功经理认证，是一位充满激情的项目经理和敏捷式思维教练。他曾打趣说："许多公司的内部都有独立运行的实体团队，它们在一定程度上必须采取这样的做法。"问题在于有些团队比其他团队实力更强，或许是因为项目经理精心挑选了他们认为最合格的人。团队之间不存在技能或知识基础的交叉转移，自然也无法提升其他团队的实力，加之有些人似乎不愿意去他们认为"较弱或边缘"的团队，这种态度更不利于个人和团队层面以及组织文化层面的发展。

我相信每个人都需要导师，也需要指导别人。指导是一个动态的知识转移工具，营造出指导的环境就建立了知识管理文化。

12.3 分享知识的原因

任何的知识管理环境都是知识交流和共享的环境。大多数知识用户并未意识到自己掌握了哪些知识，也并不知道这些知识对其他知识工作者有多大价值。人们始终认为隐性知识更有价值，因为它为人、地点、思想和经验提供了一定的语境。

知识资产三角改编自知识管理12原则（见图12-1）。组织的知识资产由隐性知识和显性知识构成，有的还增加了隐性知识的范畴。显性知识很容易被表达、记录和分享，但隐性知识来自难以表达的个人经验。隐性知识被应用后就成了显性知识。

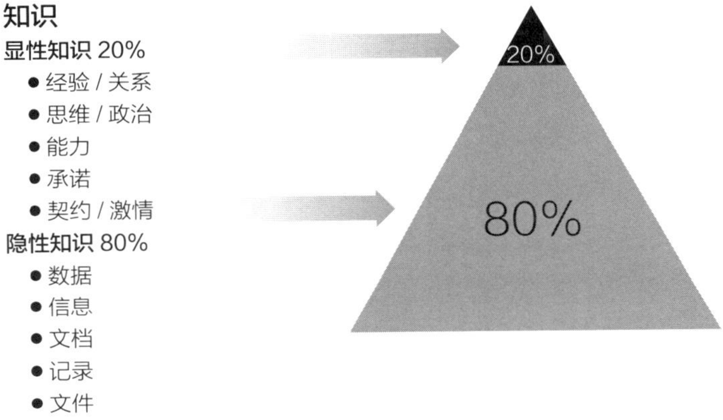

图 12-1　组织的知识资产

埃里克·韦尔祖（Eric Verzuh）在他畅销全球的《MBA 速成教程项目管理》（*The Fast Forward MBA in Project Management*）一书中指出，有必要正式地接受所有的假设和协议，并将其形成文字。他认为，“对于管理利益相关者来说，相比于记忆而言，对工作内容进行书面的陈述是一种更实用的工具”。所以，仔细地写下项目规则，就像有关各方就项目目标达成一致一样，控制项目范围，以及获得管理层和利益相关者的支持，是项目知识过程中不应被忽视的环节。在整个项目生命周期的各个阶段关口或盘存点获取和重用所获得的知识或教训就是管理知识的过程。

比如，写下开发软件代码的过程或指令就是显性知识，与此相反的就是隐性知识。比如，你错过了截止日期，客户很生气。没人能让这位顾客冷静下来，于是布拉德（Brad）被叫了过来，因为他拥有与难缠的顾客交谈的技巧。在布拉德和这位顾客交谈了 15 分钟后，你可以听到旁边的顾客在笑，谈话过程中笑声不断。你会问布拉德，他究竟是怎么做到的？他是否能把这些经验写下来？布拉德说："不，我不能。我只是和他聊天而已。"所以，隐性知识很难形成文字。互动和观察才是分享和传递隐性知识的最佳方式。

隐性知识转移的重要要求

- 广泛的个人联系
- 互动和流通
- 紧张的环境
- 信任
- 问答

明确自己缺乏的知识也非常重要。更重要的是要明确自己忽视了哪些未掌握的知识。我认为对话、个人联系、信任、观察、问答可以有效地提取隐性知识，弥合知识鸿沟，如图 12–2 所示。知识都是情景化的知识，隐性知识也不例外。除非出现了实际的问题或被问及了相关的问题，你或许永远不会意识到自己已经拥有了实践创新或解决方案的知识。每个人都有自己要讲述的故事，而这个故事的内容就是你所掌握的隐性知识。此外，学习并不总是发生在教室里。当你在咖啡馆中分享自己的故事供每个人学习时，也能借此丰富自己的知识。咖啡馆中的故事能够激发你识别和获取自己知识登记册中的隐性知识。不同的文化和人群有不同的获取和传播知识的方式。因此，我们需要明确，哪里可以获取工作所需的知识。知识存在于人员、系统、文化或环境中。那么我们应该如何获得这些知识并加以应用呢？

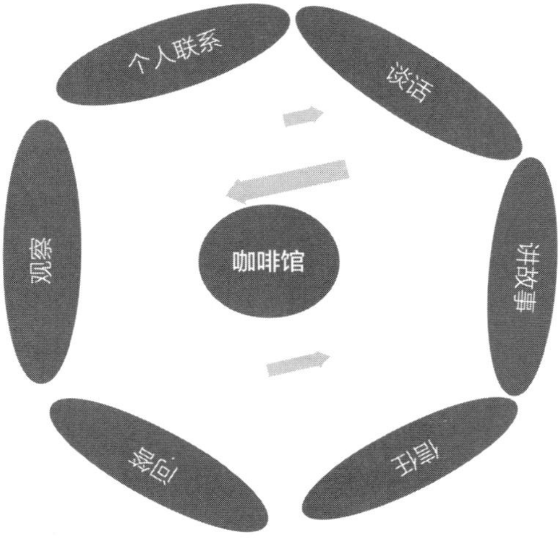

图 12-2　咖啡馆中的隐性知识转移

如何在不创造信任空间的情况下，打造一个高度信任的协作团队？虽然可以采用正式的方法从信息孤岛中获取知识，但在咖啡馆中也可以用一种简单的、非正式的和部分结构化的方法实现相同的目标。这只是创造知识管理环境的一个有效工具。

咖啡馆营造了一个面对面或虚拟的可以单独思考或集思广益的空间。在快节奏的工作环境中，我们需要一个安全的开会和思考的空间，或许是一个可以大声呼喊的空间！环境心理学家告诉我们，人类的精神空间与其对物质空间的感知成正比。小隔间里是无法碰撞出伟大想法的。

正如爱因斯坦所言："我们无法用同样的思维方式，解决我们自己创造出的问题。"在当今世界，若想取得成功，首先要建立知识学习的文化。

为什么我们要分享和交流知识？我们不是为囤积而生的蓄水池，我们是为分享而生的水渠。

——比利·格雷厄姆（Billy Graham）

我们分享，是因为乐于分享的人总能处于优势的地位！每一个知识工作者都是知识交流和分享的渠道。咖啡馆式的思维模式使知识共享成为可能，因为咖啡馆能够促进文化的发展。正如美国活动家罗宾·摩根（Robin Morgan）所说："知识就是力量，信息也是力量。藏匿或囤积知识和信息是一种表面谦卑的暴政行为。"

为什么有些知识用户习惯囤积他们的知识，而一些知识用户却乐于分享他们的知识（见图 12–3）？几年前，在洛杉矶举行的一次关于知识管理的全球会议上，有人问我："我为什么要把我

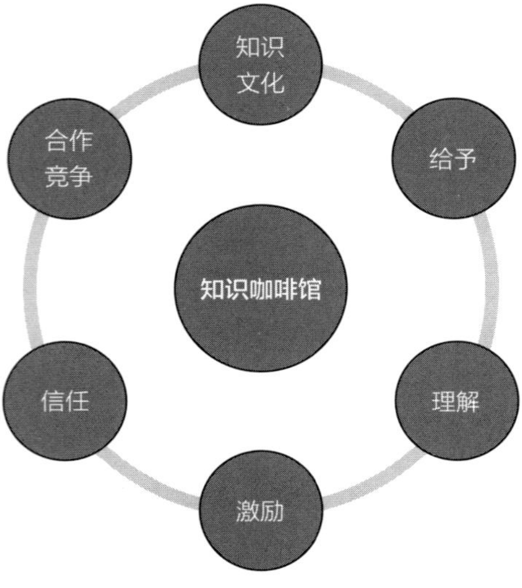

图 12–3 为什么有些人分享知识而有些人不分享知识

的知识分享给一个和我竞争升职机会的人？”为了回答这些问题，我特别提出另一个问题：为什么我要分享我的知识？

我提出了员工不愿分享知识的七个可能的原因，其中有些原因确有一定的道理。

当前的经济环境非常重视组织的灵活性、快速进入市场的能力、扩张的能力以及对客户独特需求的反应能力。

——希亚特（Hiatt）和克里西（Creasey）

没有知识文化

相比于其他的环境，咖啡馆能够更有效地实现敏捷性。若想营造知识文化，就必须利用知识共享的战略创造创新和协作的环境，构建组织的知识咖啡馆。在一个几乎没有知识共享文化的环境中，知识共享是一项艰巨的任务。正如我之前所言，知识管理不会凭空发生。知识共享文化造就了一支知识劳动力队伍。人类不会轻易接受变化，同样，人类和组织也不会轻易实现知识管理。知识管理就像一个组织的使命一样，必须经过深思熟虑和精心管理，并被纳入组织的文化之中。

对知识的需求使我们养成了知识分享的习惯。知识咖啡馆和知识管理项目的参与者往往是那些乐于向他人学习的同事，由此创造学习过程和知识文化。

一些员工将知识管理活动视为增加他们日常工作量的额外任务。许多组织设立了独立的知识共享部门，使得知识工作者在分享他们的知识时不会因为放弃了自己的常规项目职责而感到内疚。知识咖啡馆的思维使知识分享成为我们日常生活和文化的一部分。如果知识共享是组织文化的一部分，我们便能轻松地实现知识共享。我常常在家中边走路边打扫，所以在晚饭后，我家里没有人会把用过的盘子直接放进厨房的水槽，每个人在吃完饭后都会习惯性地把餐盘收拾干净。同理，知识共享不应该成为额外的负担，而应成为文化和惯例的一部分。

将知识咖啡馆的实践融入组织的业务中是组织敏捷性的一部分。变革已经成为所有组织的常态，也已经成为一种组织文化，因此组织需要培养自身的变化能力，提升变化的敏捷性，这也是各个组织都推崇的经营模式。咖啡馆实践已经成为一种生活方式，一种自愿遵守的制度。知识共享创造了知识文化。本书的第 6 章就是在探讨知识文化。

竞争而不互补：鼓励“合作竞争”和继承

> 我们困囿于错误的教条之中。美国作家埃尔菲·科恩指出，竞争不能解决问题，合作才是王道。我非常赞同他的观点。
>
> ——爱德华兹·戴明（W. Edwards Deming）

员工直接从他人那里获得 50%~75% 的相关信息。知识经济的钥匙掌握在所有个体的手中，但当他们离开企业时，也就意味着企业丢失了大部分的钥匙。

我们大多数人都依赖同事和队友的信息和知识来完成工作。

因此，我们需要找到合作共事和职场竞争之间的平衡点，这就是所谓的合作竞争。亚马逊公司和苹果公司都意识到“如果你不能打败他们，就加入他们”这句话的正确性。所以两个竞争对手联手开发了 Kindle iPad 应用程序。这类合作对各大主要的企业应用程序都是有利的。合作竞争在“智能家居工作组”中得到了很好的体现。虽然苹果、谷歌和亚马逊是竞争对手，但它们的合作使我们的家用设备实现了互联，这就是所谓的智能家居工作组。该项目将致力于创建一个新的标准，方便碎片化的智能家居产品生态系统实现协同工作，这也是一种咖啡馆模式。再如，默克公司和强生公司本是竞争对手，但它们联合开发了新冠疫苗。我认为这种做法很聪明。

与你的竞争对手合作，建立协同效应，实现双赢。得克萨斯州交通部人力资源部门的戴维·麦克米伦（David McMillan）为继任计划辩护说，继任计划是一种知识管理工具。“人们不喜欢成功，所以才相互竞争。”虽然这句话很有道理，却揭露了现实的悲哀！麦克米伦是对的，因为继承是检验成功的标准。继任计划是一种知识管理的准备技术。如果你与员工竞争，那么根本就无法培养出继任者。美国企业董事协会在 2017 年进行的一项上市公司治理的调查中，58% 的董事表示，改善首席执行官继任规划是 2018 年的一项关键改善优先事项，这一比例要高于去年的 47%。

好消息是，在 2019 年，上市公司董事会相比过去几年更关注长期的继任计划。同年，80% 的受访上市公司报告称，他们在过去 12 个月里讨论过长期（3~5 年）的首席执行官继任计划。这是一种继承而不是竞争。当公司营造了一种继承文化而不是竞争文化时，知识共享才会蓬勃发展。

实行正确的继任计划，以下是一些成功的继任计划的例子。

- 通过为员工规划良好的职业发展路径，IBM 公司创造了繁荣和积极的企业文化，允许候选人在同一水平竞争。IBM 公司高级副总裁维吉尼亚·罗梅蒂（Virginia Rometty）接替彭明盛（Samuel J. Palmisano）成为首位女性首席执行官时，在公司营造了这样的环境。
- 在卸任苹果公司的首席执行官之前，史蒂夫·乔布斯在苹果大学就筹备了自己的继任计划。他们的数字课程是一个很好的例子，阐释了如何利用技术为组织的领导层做好继任的准备。
- 2017 年 2 月，一家奢侈品零售商任命该公司的首席运营官丹妮拉·维塔莱（Daniella Vitale）为新任首席执行官。她的前任和导师马克·李（Mark Lee）宣布："是时候让丹妮拉来负责公司的日常管理了，她一直是我计划中的接班人，她是唯一有资格接任领导职位的人。"

2018 年，我当选为美国项目管理协会奥斯汀市分会的主席。奥斯汀市分会是美国项目管理协会在世界范围内规模最大的分会之一，拥有超过 3 500 名会员。当时，我已经意识到合作竞争是一种方法，而恢复力和继任是合作竞争的必要元素。竞争合作也意味着知识的交流，能够创造一种双赢的局面。2018 年，奥斯汀市分会吸纳了 400 多名新会员。我们增加了会员的人数，提高了会员的能力，加倍提高了给会员提供的价值，增加了留存率，提升了从业者的兴奋感，总体客户满意度达到 97%。但在我看来，这些成就本身并不是我们最大的成功。2018 年董事会领导最成功之处在于确定了 2019 年董事会的继任人选。我们并未和后继者相互竞争！

真正的领导者会庆祝继任者的成功。忽视合作竞争、抛弃继任计划的商业战略和文化必将会面临知识转移方面的挑战。

当他们的继任者取得更大的成就或在他们不够优秀的方面表现出色时，这些领导者会由衷地感到高兴，因为继任者的成功实际上是延续了他们的成功。囤积知识不利于继任计划的施行。

竞争本身并不是一件坏事，但竞争的好坏完全取决于竞争的意图。我只与自己设定的目标竞争，但往往我们会下意识地什么都要竞争。施泰因哈格（Steinhage）、凯布尔（Cable）和沃德利（Wardley）在 2017 年指出："一些研究表明，这类竞争可以激励员工，让他们付出更多努力，并取得成果。但事实上，竞争激发了人们生理和心理上的动力，使身体和大脑为付出更大的努力做好准备，从而取得更好的表现。"

囤积自己掌握的知识或许听起来像是一个明智的策略，但它反映了一个组织对知识增长、意识、激励和竞争性知识共享的需求。在许多组织中，特别是在一些公共部门、单位或办公室，一个人掌握着组织开展业务所需的关键任务知识。我曾多次遇到过这样的情况：在某个特定的业务流程中，比如风险管理、业务策略、工具部署、特定的业务分析方法、特定的度量分析、报告生成，以及项目或计划管理，只有一个人是该主题方面的专家。这个人可能是项目经理和对项目或计划具有独特能力的人。在这样的环境中是无法构建知识文化的。

为什么如果一位专家或知识管理者一旦去休假，项目就会处于搁置的状态？例如，在一些办公室中，只有一个人就组织的项目关键路径撰写了具体的关键报告。据许多团队成员回忆，这位专家可能一直在撰写这份报告，所以整个团队必须等待他休假结束后才能继续推进项目的进度。这些专家利用他们的特殊经验和技能作为个人竞争优势的杠杆或谈判筹码。知识型员工将持续凭借他们的个人知识、专业知识和特殊技能而勒索整个办公室或部门，直到所有人能聚集在咖啡馆中共享知识。这种心态也恰恰证明了组织需要知识文化。

囤积信息和知识的环境对知识工作者而言并不是正常的工作环境。我把员工囤积知识而不分享知识的环境称为“知识紧缩环境”。每个人都保护自己的知识和工作。每个人都知道，不共享知识的心态是一种无形的组织文化。它使员工之间相互竞争，不会优势互补。作家斯坦·克罗恩克（Stan Kroenke）说得很对：“经济学就是要创造双赢局面，但在体育运动中，总会有人输。”我无意贬低职场中的竞争心理现象，但我不认为当我分享自己的知识时会失去什么，反而会因此获得新的收获！

在知识管理的范围内，适当的竞争应该是为共享更多知识的竞争，知识转移速度与颠覆性技术和工作流动速度相匹配的竞争。如果咖啡馆创造了一个激励员工分享知识的环境，员工就会竞争谁分享的知识最多，而不是谁拥有的知识最多。要知道，阻碍知识共享的竞争才会有输家。我们应该鼓励让所有人都成为赢家的竞争！斯蒂芬·柯维总结说：“当一方比另一方受益更多时，这明显是一个有输有赢的局面。对于胜利者来说，可能在一段时间内看起来他们是成功的，但从长远来看，这会滋生怨恨和不信任。”

知识共享没有奖励

我承认，许多人将他们的知识分享给了最终接替他们的工作或在工作竞争中击败了他们的同事。与其成为反对知识共享的教训，还不如增强自己的政治悟性。我在为撰写另一本关于政治洞察力和项目管理的书做研究时发现，那些靠“廉价优势”攫取利益的人不会走得太远。

在我们竞争激烈的职场中，正是那些分享了最多知识的人激励我阐述激励、奖励和认可作为知识共享策略在企业进行知识管理过程中的意义和效果。

组织要通过激励机制鼓励员工分享知识。在某些情况下，项目团队成员觉得他们因为分享知识而受到了惩罚，他们认为知识是他们的个人资产。在得克萨斯州交通部的知识管理项目还处于发展阶段时，我组织了一次企业知识博览会和知识咖啡馆活动，80% 的参与者都来自各个部门和地区。当我与得克萨斯州敖德萨地区的工程师约翰·斯皮德（John Speed）交流时，他坦言：“我相信知识管理的原则和方法，我们的确也是这么做的。我甚至把知识分享列为晋升的必要条件。如果你想要升职，就必须要开始分享你的知识。”

这样的做法收效甚佳！领导者不应该让员工感觉分享知识会受到惩罚，并且要为知识管理环境创造一种奖励和认可的氛围。

埃森哲咨询公司等一些机构将这种行为上升为他们所谓的“游戏机制”。游戏机制是一种获得回报的合作方式，它鼓励和激励员工去展现与工作相关的日常知识分享行为，他们将这些行为概括为所谓的“3C 行为”：

- 与人和内容建立联系
- 贡献他们的想法、见解、经验和知识
- 鼓励同事付出更多努力

鉴于绩效与合作的效率直接相关，组织可以通过员工绩效管理过程来强化员工的这些行为。该公司以一个季度为周期，计算了所有员工的“协作系数”，作为一种激励员工更积极地参与有效协作和共享的手段。公司根据与3C行为相关的50多个活动对员工进行打分，活动的质量决定分数的高低，而不过分看中活动的数量。例如，如果一位员工的工作是负责写博客，那么公司打分的标准是博客的浏览量和下载量，而不仅仅是这位员工撰写的博文的数量。公司每个季度对员工进行一次评分，并表彰最优秀的合作者。领导层会给这些员工写一封感谢信、一小笔奖金和一些虚拟的徽章，并在公司的内刊《人物》（*People*）杂志上以示表彰。此外，这些奖项也会影响员工在年度绩效评估中的分数。

虽然有些人会自然地分享他们的知识，但游戏化激励措施也会鼓励员工进行分享和合作，从而产生惊人的结果。顺便说一下，免费的咖啡也能起到相同的作用。

害怕分享知识

恐惧和相信对立而存在。无知导致恐惧，但我鼓励你去相信！你不可能同时又害怕又相信你自己或比你职位更高的人。员工害怕是因为不确定性、不安全感、未知、未来，或者说是天生的恐惧感。我们每个人都有自己害怕的东西。人们问我为什么愿意分享自己的知识，我的答案是因为我愿意相信别人，与此同时我也是一个“可能论者”。美国涂鸦艺术家、素描画家和作家埃里克·瓦尔（Erik Wahl）表示，“每个孩子生来都是艺术家”，但当我们长大后，我们被告知我们不能成为艺术家。所以，我们无法打破常规。每个人都掌握了一定的知识，如果你能够分享自己曾经做过和说过的事情。我们是否经常在部署了某个企业应用程序或购买某个业务工具后，因为自己的无知和恐惧只利用了它其中一部分的功能？我相信一切皆有可能。

信仰上的停滞会带来严重的后果。例如，百视达公司直面了网飞公司的早期崛起带来的恐惧，否则它们的生意就会因此蒙受巨大的损失。再如，苹果公司的产品因为保留自己独有的封闭的操作系统所面临的挑战。当我们在一个充满恐惧的环境中工作时，就不可能互相交流和分享知识。

而咖啡馆正是恐惧的对立面！我们要消除恐惧，打开知识分享的大门，让人们相信可以分享自己的知识，甚至可以分享自己的错误，建立组织内部的信任。咖啡馆的氛围消除了恐惧，从而建立了成员之间的信心和信任。

忽视知识共享的好处

乐于分享的人总能处于优势地位。人们需要正确的信息和知识才能树立正确的态度。我们必须承认分享者总是强于接收者。知识咖啡馆能够给我们带来启发和启迪，营造一个创造空间，并为知识工作者提供分享知识的理由。正如罗纳德·里根（Ronald Reagan）总统所说：“抛弃名利之心，你将无所不能。”然而，心胸狭窄的人只会在意谁获得了荣誉。

缺乏理解

理解是知识的沃土，但理解不等同于知识。即便你无法正确地理解也能获得一些知识。所以，你需要了解自己所拥有的知识以及应该分享的知识。

解剖学和生理学的研究显示：小脑位于人脑的后部，负责协调、平衡等功能，以及许多你想不到的隐性功能，是人的“直觉大脑”。大脑位于人脑的前部，支配人有意识的主动的动作。它是人脑中可以表达思想和支配行为的部分，是人的“智力大脑”。

人的直觉大脑与智力大脑处于不同的波长，所以智力大脑所知道的东西直觉大脑可能并不了解。因此，我们要试着去理解自己所掌握的知识，了解分享知识的好处。

人们羞于分享自己的失败

有些人询问是否应该分享自己失败的经验。我的回答是：如果你所处的环境不会因为你分享自己的知识而遭受惩罚，为何不能分享？与分享知识相比，理解知识分享实际是在表达自己的同理心。理解某事是指掌握了经过验证的广义洞察力，去理解、接受或接纳。如果你本身对自己的知识不够了解，便无法在知识交流的环境里内取得较大的进步。我们要了解在咖啡馆中交流知识的目的，也要了解政治常识。除了实际的工作之外，分享自己的知识也是展示自己知道哪些知识和知道多少知识的方法。你应该明白为什么分享、什么时候分享，以及如何分享自己的知识。我们要享受分享知识的乐趣。

那么，对工作的了解是否能给我带来工作的保障？若有人问我这个问题，我会反问他："你愿意带着你的知识死去吗？这样就没有人会因为这些知识而记住你，没有人会使用这些知识，也没有人知道这些知识会给人类带来什么好处。"

我现在所掌握的管理项目、计划和组合的经验，以及我在目前工作中所拥有的知识，只能保证我完成目前的工作。知识大体可分为两个重要的类型：隐性（不可编纂的）知识和显性（可编纂的）知识。而有一些人则主张知识可分为四种类型，包括分类知识（如历史知识）、显性知识（如组织知识）、隐性知识（如数据库中的知识发现）、与无法解释的知识相关的隐性知识。

显性知识是对隐性知识（或非显性知识）的应用，这些技能和能力可以从一份工作转移到另一份工作，从一个人转移到另一个人。我从事目前这份工作所需的知识或许并不能满足我的下一份工作。所以坦白地说，你没有分享下一份工作所需的信息，而是在分享你目前工作所需的知识。

在我的职业生涯中，我始终在实践两个原则。首先，每当我找到一份新工作，我都会告诉我的老板："如果你对我的要求只是在平均水平上下游走，我会辞职的。"

其次，我肯定地说："如果有人需要了解关于我目前工作的任何信息，我都会请他们吃午饭，并毫无保留地解释我所知道的一切。我不会有任何隐瞒，因为我正在为下一个职位或晋升而努力！"

最后，我想要分享这样一则故事。有一对夫妻，两个人互相厌恶，离婚后他们以 50 美元的价格卖掉了自己的房子，而不是以最高的市场价，因为他们谁也不希望对方因为卖掉这栋房子而获利。如果我们不善于分享自己的知识，就会发生这样的事情——所有人都是输家。我们可以做得更好，享受分享带来的好处。给予、教导和分享你所知道的知识会让你如沐春风。分享知识恰恰也证明了你拥有知识资产，也是建立知识传承的方式。

结　语

美国企业家伊曼纽尔·詹姆斯·“吉姆”·罗恩（Emanuel James “Jim” Rohn）说过：“如果你不愿意冒超乎寻常的风险，就只能沦于平凡。”

激发你的好奇心，追求知识，为胜利而战！正如喜剧演员史蒂文·赖特（Steven Wright）所说：“钓鱼和傻站在岸上只有一线之隔。”

> 没有人——不是你，也不是我——到这里是为了试水。我们来这里是为了乘风破浪。
>
> ——艾伦·韦斯（Alan Weiss，2011）

从今天起，开始管理你的个人知识和组织知识。任何人都能做到！任何人都能成为一位知识传播者。拓展你的人际关系和视野，你会发现自己的生活中充满了力量和智慧！

祝你梦想成真！在咖啡馆中见证知识的碰撞！